工程建设理论与实践丛书

U0176332

SHIZHENG GONGCHENG

GUIHUA SHEJI YU JINGJI FENXI

市政工程
规划、设计与经济分析

黄俊鑫 李义军 周辅昆 主编

华中科技大学出版社
http://press.hust.edu.cn
中国·武汉

图书在版编目(CIP)数据

市政工程规划、设计与经济分析/黄俊鑫,李义军,周辅昆主编.—武汉:华中科技大学
出版社,2022.12
ISBN 978-7-5680-8918-0

Ⅰ.①市… Ⅱ.①黄… ②李… ③周… Ⅲ.①市政工程-城市规划 Ⅳ.①TU99

中国版本图书馆 CIP 数据核字(2022)第 238951 号

市政工程规划、设计与经济分析   黄俊鑫   李义军   周辅昆   主编
Shizheng Gongcheng Guihua Sheji yu Jingji Fenxi

策划编辑:周永华
责任编辑:梁 任
封面设计:王 娜
责任监印:朱 玢
出版发行:华中科技大学出版社(中国·武汉)   电话:(027)81321913
        武汉市东湖新技术开发区华工科技园   邮编:430223
录   排:华中科技大学惠友文印中心
印   刷:武汉科源印刷设计有限公司
开   本:710mm×1000mm   1/16
印   张:14.75
字   数:265 千字
版   次:2022 年 12 月第 1 版第 1 次印刷
定   价:68.00 元

编　委　会

主　编　黄俊鑫(中交第四航务工程勘察设计院有限公司)
　　　　　李义军(重庆渝泓土地开发有限公司)
　　　　　周辅昆(江西中煤建设集团有限公司)

副主编　翟　蔚(长江勘测规划设计研究有限责任公司)
　　　　　吴艳辉(江门市建筑设计院有限公司)

编　委　何明韦(中铁一局集团第五工程有限公司)
　　　　　刘　波(中国市政工程西南设计研究总院有限公司)

前　　言

当前我国经济和城市的快速发展,对土地资源等城市规划提出了相应的要求,因此,有必要采取针对性的措施,解决市政基础设施工程规划中的土地利用问题,促进市政工程规划与城市建设总体规划的统一发展。随着社会、经济的发展和城市化进程的加快,城市市政基础设施项目取得了长足的发展。然而,城市发展也使土地资源日益紧张,可用于建设的土地空间日益减少,因此,有必要对城市建设用地进行科学、良好的规划。而市政基础设施项目规划,尤其是道路、管道等项目,要注重规划和建设,控制建设模式。为了促进城市市政工程规划乃至整个城市建设规划的有效制定和实施,我们有必要对城市市政基础设施工程项目规划进行详细的研究和分析。

为改善投资环境,近年来,城镇市政设施建设大幅增加,国家对市政设施投融资体制进行了改革,确立了市场化和社会化的发展道路,鼓励外资和私人资本进入基础设施领域。在新的投资体制下,完善城市市政设施投资项目后评价方法迫在眉睫。本书选择了经济效益后评价的方向。首先运用公共物品理论和项目差异化理论对城市市政设施投资项目的特点进行了阐述和分类;其次基于项目投资理论,阐述了此类投资项目的经济效益;最后根据此类项目的不同属性定义了不同的经济分析方法。同时,本书从微观角度总结了传统市政设施投资项目财务后评价的基本原则、基本数据的选取和报表的编制,分析了经营性项目和非经营性项目财务后评价指标,并提出了市政设施融资代理后需要建立新的投资项目财务后评价指标。此外,本书还从宏观角度分析了市政设施投资项目国民经济效益后评价指标。

由于作者水平有限,本书难免存在疏漏之处,还望各位读者批评指正。

目　　录

第1章　绪论 ··· （1）

　1.1　城市工程系统简述 ··· （1）

　1.2　市政工程经济预算与成本控制 ···························· （6）

　1.3　市政道路类政府投资项目后评价 ························ （9）

第2章　市政道路规划设计中的国家相关规范要求 ············ （14）

　2.1　国内几个城市道路横断面规划对比 ····················· （14）

　2.2　城市道路功能 ·· （15）

　2.3　城市道路等级结构 ··· （18）

　2.4　城市道路功能与等级结构关联性分析 ·················· （20）

第3章　市政道路工程规划 ··· （23）

　3.1　城市交通是城市现代化的重要支撑条件 ··············· （23）

　3.2　城市道路是城市空间形态的主要构架与脉络 ········· （29）

　3.3　城市道路横断面规划中存在的问题 ····················· （32）

　3.4　车道宽度及车道数的确定 ··································· （36）

　3.5　公交停靠站 ··· （38）

　3.6　公交专用道的规划设计 ······································ （40）

　3.7　中央分隔带 ··· （43）

　3.8　行道绿化带及路侧绿化带 ··································· （46）

　3.9　地下管线对城市道路横断面的影响 ····················· （50）

　3.10　人行天桥及过街地道 ·· （54）

第4章　市政公用设施设计 ··· （55）

　4.1　市政公用设施系统的完善 ··································· （55）

　4.2　市政雨污分流设计 ··· （58）

　4.3　市政水系生态修复工程设计 ································ （60）

　4.4　市政工程设计到城市设计的转型 ························· （64）

第5章　市政道路投资项目的经济分析 ·························· （67）

　5.1　市政道路的界定 ··· （67）

1

5.2 公共产品理论下市政道路的经济学解释 ·················· (69)

5.3 地方性公共产品的经济特征 ························· (73)

5.4 市政道路的经济学归属 ···························· (75)

5.5 项目区分理论下市政道路投资项目的归属 ·············· (79)

第 6 章 市政道路投资项目的经济分析方法 ················ (82)

6.1 投资项目的理论基础 ····························· (82)

6.2 投资项目的生命周期 ····························· (86)

6.3 资金的时间价值 ································· (89)

6.4 投资效益的理论分析 ····························· (92)

6.5 投资效益的衍生原理 ····························· (94)

第 7 章 市政建设工程项目后评价 ···················· (98)

7.1 市政建设工程项目后评价概述 ······················ (98)

7.2 市政建设工程项目社会效益和影响后评价特征 ·············· (99)

7.3 市政建设工程项目的后评价现状 ·················· (100)

7.4 市政建设工程项目后评价存在的问题及启示 ·········· (105)

7.5 市政建设工程项目后评价工作方法及机制 ·········· (107)

第 8 章 市政道路建设工程项目社会效益与影响后评价指标体系········ (110)

8.1 市政道路建设工程项目社会效益与影响后评价指标体系概述 ··· (110)

8.2 市政道路建设工程项目社会效益与影响后评价指标体系的

建立原则 ···································· (114)

8.3 市政道路建设工程项目社会效益与影响后评价方法 ·········· (115)

第 9 章 市政道路投资项目财务后评价指标 ············· (120)

9.1 经营性市政道路投资项目财务后评价基本指标 ·········· (120)

9.2 非经营性市政道路投资项目财务后评价基本指标 ·········· (124)

第 10 章 市政道路投资项目财务后评价的基本原则 ········· (125)

10.1 有无对比原则 ································ (125)

10.2 总量评价与增量评价相结合原则 ··················· (125)

10.3 Package Deal 原则 ··························· (126)

第 11 章 市政基础设施建设工程造价控制 ·············· (127)

11.1 市政工程造价控制存在的问题 ···················· (127)

11.2 市政基础设施工程造价控制问题成因分析 ·············· (128)

11.3 市政基础设施工程造价控制对策 ··················· (129)

第 12 章　融资代建制下的市政道路投资项目 ……………………（132）

　12.1　项目融资 …………………………………………………………（132）

　12.2　代建制 ………………………………………………………………（136）

　12.3　项目融资代建制理论 ……………………………………………（140）

　12.4　代建管理项目各岗位职责 ………………………………………（154）

　12.5　融资代建单位的主要职责 ………………………………………（158）

　12.6　融资代建制与各建设模式的因承关系分析 …………………（158）

　12.7　市政道路投资项目的公私合作模式 …………………………（163）

第 13 章　实证研究 …………………………………………………（169）

　13.1　峡江县普通国省道过境方案案例分析 ………………………（169）

　13.2　案例工程的社会效益与影响综合后评价 ……………………（183）

　13.3　确定评价集 ………………………………………………………（184）

　13.4　确定权重 …………………………………………………………（185）

　13.5　确定模糊判断矩阵 ………………………………………………（188）

　13.6　项目相关经济主体的确定 ………………………………………（191）

　13.7　相关经济主体的费用与效益分配 ……………………………（192）

第 14 章　市政道路投资项目的费用分析 ………………………（194）

　14.1　计算原则 …………………………………………………………（194）

　14.2　投资费用的计算 …………………………………………………（201）

　14.3　年运行费的计算 …………………………………………………（203）

　14.4　流动资金的计算 …………………………………………………（210）

　14.5　项目国民经济后评价的效益分析 ……………………………（210）

　14.6　项目国民经济后评价的通用参数分析 ………………………（211）

　14.7　项目国民经济后评价的影子价格测定 ………………………（213）

　14.8　防灾设施投资项目的国民经济后评价指标 …………………（220）

参考文献 ………………………………………………………………（222）

后记 ……………………………………………………………………（225）

第1章 绪 论

1.1 城市工程系统简述

1.1.1 城市工程系统的分类

城市工程系统的主要功能是确保城市居民的日常生产和生活,确保城市的可持续发展。城市工程系统主要包括城市交通工程系统、城市水工程系统、城市能源工程系统、城市通信工程系统、城市环境卫生设施系统和城市防灾系统。

1. 城市交通工程系统

城市交通工程系统可分为城市航空交通工程、城市水运交通工程、城市轨道交通工程和城市道路交通工程。

①城市航空交通工程:主要由城市航空港、市内直升机场和军用机场等设施构成。

②城市水运交通工程:主要由海运交通和内河交通构成。

③城市轨道交通工程:主要由市际铁路、市内轨道交通构成。

④城市道路交通工程:主要由公路与城区道路交通构成。

2. 城市水工程系统

(1)城市取水工程。

城市取水工程的主要设施为城市水源、取水口、取水构筑物、提升原水的一级泵站以及输送原水至净水工程的输水管道等。此外,为了在特殊情况下应急使用,还需要建设水闸、堤坝等相关配套设施,以便将水源进行净化处理,确保城市的日常供水需求。

(2)城市净水工程。

城市净水工程的主要设施为城市自来水厂、清水库和输送净化水的泵站等。

其主要功能是将原水按照城市用水要求进行处理,得到符合城市用水水质标准的净水,并输送至城市供水管道。

(3)城市输配水工程。

城市输配水工程的主要设施为向城市输送净水的输水管道、配水管网、供水管网及调节水压、水流量的水池等。其主要功能是将净水工程中的水流平稳、安全地输送至城市用户,确保用户的饮水安全。

3. 城市能源工程系统

城市能源工程系统包括城市供电工程、城市燃气工程和城市供热工程,其构成与功能见表1.1。

表 1.1　城市能源工程系统的构成与功能

工程设施	构成部分	主要设施		功能
城市能源工程系统	城市供电工程	电源工程	城市电厂(火力、水力、核能、风力、地热)	为城市供电
			区域变电所(站)	从区域电网上获取电源
		输配电网络工程	输送电网　城市变电所(站)	将电源变压送入城市配电网
			输送电网　输送电线路	将城市电源输入城区
			配电网　高压配电网	直接为高压电用户供电
			配电网　低压配电网	直接为用户供电
	城市燃气工程	燃气气源工程	煤气厂	制造城市煤气
			天然气门站	收集当地或远距离输送来的天然气
			石油液化气气化站	供应石油液化气
		燃气储气工程	储气站	调节城市日常和高峰小时管道用气
			石油液化气储气站	满足液化气气化站的供气需求,满足城市石油液化气供应站的需求
		燃气输配工程	燃气调压站、输送管网、配气管道	升降管道燃气压力,远距离输气或降压向用户供气

续表

工程设施		构成部分	主要设施	功能
城市能源工程系统	城市供热工程	供热热源工程	城市热电厂（站）	提供近距离高压蒸汽,供给高压蒸汽、采暖热水
			区域锅炉房	用于城市采暖,提供近距离的高压蒸汽
		供热管网工程	热力泵站	远距离输送蒸汽和热水
			热力调压站	调节蒸汽管道压力
			输送管道	输送不同压力等级的蒸汽与热水

4. 城市通信工程系统

城市通信工程系统包括邮政工程、电信工程、广播工程和电视工程,见表 1.2。

表 1.2 城市通信工程系统的构成与功能

工程设施	构成部分	主要设施	功能
城市通信工程系统	邮政工程	邮政局所	经营邮件传递、报刊发行、电报及邮政储蓄等业务
		邮政通信枢纽	收发、分拣各类信件
	电信工程	电信局（所、站）	各种电信量的收发、交换、中继
	广播工程	广播台站工程	创作并播放广播节目
	电视工程	电视台（站）	制作、发射电视节目内容,转播、接力上级与其他电视台的电视节目

5. 城市环境卫生设施系统

城市环境卫生设施系统包括垃圾处理设施和环境卫生管理设施,其构成与功能见表 1.3。

表 1.3 城市环境工程系统的构成与功能

工程设施	构成部分	主要设施	功能
城市环境卫生设施系统	垃圾处理设施	垃圾处理厂(场)、填埋场等	收集与处理城市各种废弃物;综合利用,变废为宝
	环境卫生管理设施	垃圾收集站、垃圾转运站、车辆清洗场、环卫车场、公共厕所等	清洁市容,净化城市环境

6. 城市防灾系统

城市防灾系统包括消防工程、防洪(潮汛)工程、抗震工程、人防工程、救灾生命线系统工程,其构成与功能见表 1.4。

表 1.4 城市防灾工程系统的构成与功能

工程设施	构成部分	主要设施	功能
城市防灾系统	消防工程	消防站(队)、消防给水管道、消防栓	日常防范火灾,及时发现与迅速扑灭各种火灾,避免或减少火灾损失
	防洪(潮汛)工程	防洪(潮汛)汛堤	防洪抢险,兼作城市道路
		截洪沟	防止山坡径流到处漫流,冲蚀山坡
		排洪渠道	排放洪水
		分洪闸	确保下游城市安全
		防洪闸	防止因潮水顶托,河道泄洪能力受阻
		泄洪闸	挡住外部洪水,防止淹没,及时排泄堤内洪水
		排涝泵站	排除城区涝灾,保护城市安全
	抗震工程	设施加固	加强建筑物、构筑物等的抗震强度,提供避灾疏散场地和道路
	人防工程	防空指挥系统	负责防空警报、指挥
		专业防空设施	负责战时的救援与抢险
		防空掩蔽体	保护战时、灾时人身安全
		地下建筑、地下通道、地下仓库、水厂、变电站、医院等设施	战前城市人口疏散,战时、灾时地下救护生存空间,供平时地下商业、娱乐、交通之用

工程设施	构成部分	主要设施	功能
城市防灾系统	救灾生命线系统工程	城市急救中心、疏运通道,以及给水、供电、通信等设施	提供医疗救护、运输条件,以及供水、供电、通信等

　　城市基础设施包含城市生存、发展所必备的工程性基础设施和社会性基础设施,它们为物质生产和人们的日常生活提供条件。前面所述城市交通工程系统、城市水工程系统、城市能源工程系统、城市通信工程系统、城市环境卫生设施系统和城市防灾系统都属于工程性基础设施。社会性基础设施主要包含行政管理、医疗卫生、社会福利、文化教育、商业服务以及金融保险等一系列的基础设施。工程性基础设施包含市政工程系统,其主要突出"公用性"和"市政管理"的特点。市政公用事业以城市建设行政管理部门为主体进行管理,为城市居民提供日常生产、生活所必需的服务,如城市污水处理、供暖、园林绿化等。

1.1.2　城市工程系统与城市建设的关系

　　城市工程系统是城市建设的主要部分,因此,城市建设的关键任务是建设健全、功能完备的城市工程系统。城市交通、给排水、供电、供暖、通信、卫生、环境、燃气、防灾等各项工程作为城市建设的主体,支撑城市经济、社会的发展。因此,科学合理配置城市基础设施显得尤为重要。城市基础设施不仅需要满足城市居民的日常生产和生活需求,而且要能够带动城市健康、可持续发展。

　　从某种角度来说,城市市政工程建设规模、建设水平以及城市发展速度直接决定了国家或地区的经济发展水平和文明发展程度。城市交通工程系统与其他工程之间的关系:城市交通工程系统不仅为城市客运、物资运输提供必备条件,也为其他工程建设提供相应的条件。城市道路将城市给排水、供电、供暖、通信、卫生、环境、燃气、防灾等各项工程紧密联系起来,协同发展。

　　其他工程系统之间的关系:各个工程系统之间存在相吸且与城市工程系统存在相斥的关系(除了交通工程系统)。城市给水工程和排水工程作为城市水工程系统,两者相互协作,密不可分。按照相关要求规定,给水管道与污水管道需要布置在城市道路的两侧,给水工程可以与电力工程、通信工程兼容;城市供电工程需要与城市通信工程保持适当的安全距离;施工中存在易燃、易爆等用品的工程需要与管线保持足够的距离,避免发生意外;一般工程管线穿梭于城市工程

系统内,且互不影响。在水平方向和垂直方向,根据不同工程中管线的材料、安装技术等因素,科学、合理地布置管线,这样不仅能够确保各个工程系统内管线有效衔接,而且还能够确保各个工程系统外管线交叉通过,互不影响。

1.1.3 城市工程系统规划的作用

城市工程系统规划具有以下作用。

①通过对城市各个工程系统规划进行分析、研究,了解工程建设中需要注意的问题。

②对各项城市基础设施的现状和发展趋势进行剖析,找出其中存在的问题和矛盾点,制定出相应的解决方案和应对措施。

③对各个工程系统的发展方向、发展规模等进行明确,从而统筹兼顾。

④以总规划为基础,制定出各个工程建设的分阶段建设计划,从而确保项目落实。

⑤对各个工程设施合理布局,并且根据实际情况布置管网,对需要改进或者完善的工程设施提出建设性意见,提高现有设施的使用率。

1.2 市政工程经济预算与成本控制

1.2.1 市政工程预算与成本控制之间的联系

市政企业应根据自身实际情况,以工程预算为基础,结合工程施工图纸,系统分析并确定工程成本。评审通过后,制订市政工程投资计划,同时推进工程贷款审批工作。若工程预算合理,则能够确保工程施工健康、有序地进行,规范资金开销流程,有效控制工程成本,减少因资金不足而延误工期的现象,从而确保市政工程的效益。

1.2.2 市政工程预算和成本控制现状

1.现场施工与工程预算缺乏协调性

由于市政工程施工周期长,在实际施工过程中,建筑市场变化可能会影响施工材料价格,从而引起诸多问题,并且在一些外在环境的影响下,市政工程预算难度也会增大。市政工程现场施工与工程预算缺乏协调性,会影响成本控制;工程预算无法充分发挥作用,也会影响市政企业的发展。

2. 设计变更的影响性较大

在实际施工过程中,市政工程可能会进行设计变更,使得工程预算无法达到预期效果,从而无法控制施工阶段的经济额度,影响市政工程的成本控制。

3. 工程预算方法存在滞后性

现阶段,工程预算定额信息更新速度缓慢,与市场材料类型、价格变化速度不相符,从而出现工程预算方法滞后,无法满足社会发展需求的现象。施工企业在进行工程预算时,所采用的预算方法往往难以满足现代工程造价管理的要求,无法及时获取企业的成本定额,以致过分依赖政府颁布的预算定额和编制方法,无法适应市政领域中的新技术。

4. 定额体系尚未健全

随着社会的不断发展,市政工程对施工工艺、施工材料也提出了新的要求,因此需要将工程预算与工程管理定额换算。然而,当前预算管理体系尚不完善,工程预算偏差较大,且市政行业的定额体系尚不健全,使得工程预算无法满足市场的需求。

1.2.3　提高市政工程预算和成本控制效果的有效策略

1. 借助网络技术和信息技术

现代信息技术和网络技术可以提供可靠的数据支持,确保市政工程预算和成本控制的效果。市政工程单位需要安排专人保管工程预算、成本控制的数据资料,以网络技术和信息技术为基础,强化施工成本控制和预算管理,从而全面提高市政工程经济效益和社会效益。

2. 强化工程设计阶段的造价控制

在进行工程预算和成本控制的过程中,市政企业需要以工程实际为基础,制订出市政工程施工流程、施工计划,从而确保市政工程施工工作有序进行。并且,市政企业应按照施工工期和成本要求,在确保施工质量的基础上,全面推进

工程施工工作。为加强工程预算和成本控制,市政企业需要强化工程规划阶段的造价控制,减少施工图纸改动,避免影响施工成本。除此之外,市政企业还应详细标注施工细节,确保数据精确,只有这样,相关人员才能科学、合理地计算数据,从而保证市政工程预算的准确性和可靠性。工程设计阶段的造价管理需要充分考虑施工工艺、施工成本等,提高施工图纸质量,为工程预算和成本管理打下坚实的基础。

3. 定期开展培训,强化工程预算人员的职业道德和专业技能

在市政工程预算和成本控制的过程中,预算人员的职业道德和专业技能决定了市政工程预算和成本控制的效果。因此,在工程建设过程中,市政企业需要加强对预算人员职业道德和专业技能的培养,制订相应的奖惩机制,提高预算人员的服务意识和主动意识,端正其工作态度。此外,市政企业还需要定期开展专业技能培训和业务能力考核,查漏补缺,选树典型,从而为市政工程预算和成本控制工作的有序开展奠定基础。

4. 合理控制设计变更

市政工程在实际施工过程中,因各种因素而导致的设计变更时常存在。为了有效控制工程成本,市政企业需要强化设计变更管理,减少设计变更。在此过程中,专业人员需要对施工图纸进行认真细致的分析、研究,及时发现并提出图纸中存在的问题,减少对市政工程预算和施工的影响。因此,市政工程可采用先算账后变更的方式来有效控制设计变更,并且以施工图纸为基础进行分析研究,确保严格按照设计图纸进行施工。市政企业还需要充分了解市政工程的实际情况,确保市政工程预算和成本控制工作有序开展。

5. 加强施工过程中的管理

在工程施工过程中,加强管理主要是为了减少预算外的支出。我们可从人员、材料、机械、临时性建筑和水电方面加强管理。

①人员管理。工程施工前需要对各个流程所需要的人员进行合理安排,根据工程总工日数、企业内部员工日平均工资来计算人员薪酬。此外,还需要提高施工人员的管理水平,合理组织劳动,提高工作效率;设定验收考核体系,以加强员工的责任感,确保工程质量。

②材料管理。材料管理主要从两方面考虑:管控建筑材料的购进价格;减少

材料使用过程中的浪费。在实际工程中,购进材料需要制订采购方案,确保购买的材料满足实际施工所需,减少施工材料的采购频率。同时,应按照施工计划购买施工材料,注意将材料的损耗考虑在内。从价格上讲,大批量购买材料的价格低于小批量购买。

③机械管理。充分利用企业现有的机械设备,减少设备租赁频率,定期对机械设备进行维护和保养,避免设备损坏。

④临时性建筑和水电管理。临时性建筑一般是施工人员的居住场所、仓库等。临时性建筑使用时间为从建筑工程开始至结束,若因缺乏管理导致临时性建筑中途损坏或者无法使用,则需要重新搭建,从而增加了成本。此外,由于施工现场人员流动性大、人员数量多,需要在水电方面加强管理,在为员工生活提供保障的同时,减少资源浪费。

1.3　市政道路类政府投资项目后评价

政府投资项目的后评价是指政府所投资项目在项目竣工、运营一段时间后,再对项目从决策、立项、设计、施工、运营等环节进行系统评价的一种技术经济活动。项目后评价工作的开展,不仅可对该项目进行系统、客观的评估,也可为后续项目的立项和实施提供科学、合理的决策依据,除此之外,还可对已进入建设程序的同类项目的实施起到很好的纠偏作用。近年来,国家对市政基础设施的投资力度日益加大,其中市政道路类项目所占比重较大。本节将以市政道路类政府投资项目为例,对项目后评价的必要性和内容进行讲解。

1.3.1　市政道路类政府投资项目后评价的必要性

对市政道路类项目实施后评价工作,有利于提高投资效率,科学、合理地安排道路建设时序,统筹考虑交通路网布局,优先解决交通问题的关键点,并尽可能规避项目带来的负面影响,以实现效益最大化。市政道路类政府投资项目后评价的必要性表现在以下几个方面。

1. 深化投资体制改革的客观要求

《国务院关于投资体制改革的决定》明确提出"完善重大项目稽查制度,建立政府投资项目后评价制度,对政府投资项目进行全过程监管"。投资体制改革的目标就是改革政府对企业投资的管理制度,按照"谁投资谁决策,谁收益谁承担风险"的原则,落实企业投资自主权。而对于政府投资的市政道路类项目,《国务院关于投资体制改革的决定》更强调了要健全投资项目的决策机制,以确保政府投资项目的效益最大化。

2. 对同类工程建设项目经验总结的需要

市政道路类工程项目涉及的因素很多,包括市政规划、工程土质及地区环境、道路要求及功能、图纸设计及修改、投资预算和效益预测、企业施工和管理、投入运营及养护等方面。及时对已竣工的道路工程进行后评价,总结经验,对正在建设或规划中的同类项目均有很好的指导作用。

3. 提高投资项目掌控能力的需要

目前市政道路类政府投资项目的基本建设程序见图 1.1。

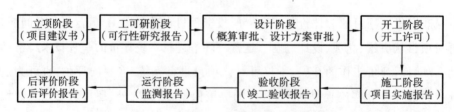

图 1.1　市政道路类政府投资项目的基本建设程序

政府投资项目一般涉及大型基础设施建设,具有投资规模大、建设周期长、影响因素复杂等特点。由于市政道路主要由政府投资,且注重社会效益,难以科学判断项目的决策效果及影响,因此,目前在此领域主要存在以下几方面问题。

①缺乏科学论证,"三边工程""钓鱼工程"等现象依然存在。

②缺乏科学的招投标制度,项目监管薄弱。

③重立项审批,忽视对项目实施过程的监督。

要解决上述问题,必须强化投资决策约束机制,即在建立决策失误追究制度、负责人经济责任审计制度及强化工程监管的同时,加强公众参与和公众监督。开展项目后评价工作,不仅有利于落实政府投资责任和贯彻执行重大决策失误追究制度,而且可以为公众提供客观、公正的评价结果,为公众对项目投资的监督提供依据。

1.3.2　市政道路类政府投资项目后评价的内容

一般情况下,项目后评价的内容包含项目目标评价、项目实施过程评价、项目效益评价、项目持续性评价和项目影响评价五个方面。但市政道路类政府投资项目后评价工作要针对项目自身特点,结合项目投资主体的实际情况有所侧重。

1. 项目目标评价

项目目标评价是项目后评价的主要内容。项目后评价需要评定项目立项时预定目标的实现程度,因此,项目后评价要对照原定目标,检查项目实际实现的情况和变化,分析实际发生改变的原因,以判断目标的实现程度。拟评价的目标指标在项目立项时就已确定,市政道路建设的一个重要依据就是交通量分析预测,根据交通量预测来确定道路的规模、主要技术标准等。市政道路类项目的后评价工作应重点分析建成年该项目的实际交通量,以此来评估项目前期所进行的交通分析预测结果,并将结果与相关研究单位挂钩存档。项目实施过程中可能会发生重大变化,如周边交通环境与原设定条件差距较大,涉及区域功能定位或规划道路的调整等,以致原设定的交通量预测与实际情况差别较大,项目后评价应对其进行重新分析和评价。此外,还应该分析设计图纸变更及施工过程、道路使用中所出现的各种变动因素对该项目预定目标(包括投资额、工期、道路工程质量,交通管理情况等)所产生的影响。

2. 项目实施过程评价

项目实施过程评价是项目建设程序控制评价的主要内容。项目实施过程评价应对照立项评估或编制可行性研究报告时所预计的情况,与实际执行的过程进行比较和分析,找出差别,分析原因。市政道路类项目的具体实施环节较多,其实施过程评价也是对项目的实施效率作出评价,一般可从以下 3 个方面进行评价。

①项目建设内容和建设规模:申报建设道路里程、实际宽度、市政管线的敷设规模与标准、交通节点的建设内容和实际实施方案。

②工程进度和实施情况:项目申报文件提出的工程实施进度安排与实际情况的关系,项目设计单位的设计能力和设计效果的验证,对项目实施过程中所涉及的施工难点、临时设施,尤其是项目工程技术经济指标进行全面的分析,以充

实、完善政府基础设施投资数据库。

③项目的管理和机制：主要是对项目建设单位的生产管理和条件进行分析，包括项目的工期控制、施工准备，各环节的招标投标、各种合同的执行情况，工程质量、工程监理的评估等，最终提交的评价报告应对建设单位进行综合评价，以此作为将来选择项目建设单位的历史资料储备。

3. 项目效益评价

项目效益评价是衡量项目成功与否的关键内容。一般情况下，项目效益评价即财务评价和经济评价，由于市政道路类项目一般为政府全额投资（高速公路一般不属于此范畴），没有运营收入，所以此类项目一般不作财务评价，仅作国民经济评价。效益评价的主要内容与项目前评估无太大差别，有以下几点需加以说明。

①项目前评估采用的是预测值，项目后评价则采用已发生的财务现金流量的实际值，并按统计学原理加以处理，对后评价时点以后的流量作出新的预测。

②拟评价项目的投资费用应包括道路建设费用、运营期间的养护管理费用、大中修理费用及道路管理费用，并分别予以调整成经济费用。

③主要为社会车辆的集疏运服务的市政道路类项目，应主要考虑其国民经济评价，如因新建道路而使道路使用者节约的费用、因行车速度提高而节约旅客在途时间所产生的效益、因减少交通事故所产生的效益等。

4. 项目持续性评价

项目持续性是项目后评价中的延伸性评价内容。项目持续性一般指在项目的建设资金投入完成之后，项目的既定目标是否还能继续，项目是否可以持续地发展下去，接受投资的项目业主是否愿意并可能依靠自己的力量继续去实现既定目标，项目是否具有可重复性，即是否可在未来以同样的方式建设同类项目。市政道路类项目投资规模大，使用年限长，建成后可更改性弱，因此，其持续性评价应重点评价其自建成年至交通预测年的服务功能。

5. 项目影响评价

项目影响评价是项目后评价的重要组成部分。项目影响评价一般包括经济影响、环境影响和社会影响等内容，但对市政道路类项目而言，因其常涉及技术复杂项目，如大型桥梁、隧道等，故其项目影响评价还应包括科技进步影响。

①经济影响评价。经济影响评价主要评价道路建设对所在地区、所属行业和国家所产生的经济方面的影响。评价内容主要是道路建设对沿线区域经济结构的影响、对提高宏观经济效益以及国民经济持续发展的影响。

②环境影响评价。项目的环境影响评价一般包括项目的污染控制、区域环境质量、自然资源利用和保护、区域生态平衡、环境管理五个方面。市政道路类项目的环境影响评价可结合项目前期工作中已批复的"环境影响报告书"开展，重新审查项目对环境产生的实际影响，审查项目环境管理的决策、规定、规范和参数的可靠性和实际效果。

③社会影响评价。项目的社会影响评价是对项目在社会的经济发展、社会政治方面的有形和无形的效益和结果的一种分析。市政道路类项目应重点评价项目对所在地区的居民生活条件和生活质量的影响，以及其对当地基础设施建设和未来发展的影响等。

④科技进步影响评价。市政道路类项目的科技进步影响评价主要应分析项目对国家、部门和地区在本专业的技术进步所起到的推动作用，以及项目所选技术本身的先进性和适用性，并对技术进步的作用和取得的潜在效益进行分析评价。

项目后评价呈现出需求多、内容宽、范围广、重视度高的趋势，已经逐渐成为政府计划决策和宏观管理的一种重要工具。虽然项目后评价工作在我国起步较晚，但随着我国投资体制改革的深入与发展，对投资行为的约束日益强化，建立与完善我国的投资项目后评价机制已是深化投资体制改革的一个重要内容。

第2章 市政道路规划设计中的国家相关规范要求

2.1 国内几个城市道路横断面规划对比

1.广州

广州以城市建设发展为基础,对城市道路分类提出了新的要求,并进行了相关的研究;分析了道路交通性质、城市用地资源、车型等,系统研究了现有车道宽度和车道组合。影响城市道路横断面布置的因素主要包含以下内容:交通管制、管线布设、停车规划、道路性质等。广州通过研究道路横断面基本布置和各种不同因素对横断面的影响,得出道路横断面布置的基本原则。基于城市交通的实际情况和非机动车的发展趋势,广州对干路采用两幅路布置,对支路和次干路采用单幅路布置,对于条件允许的道路设置禁止自行车行驶的标志,同时,在机动车道、非机动车道与人行道之间设置防护栏或者绿化带,以确保安全。

2.南京

南京曾对"南京老城区—新城区通道规划研究""城市道路横断面规划研究""南京市城市道路规划设计技术规定"等专题进行研究分析,主要是对城市高架路和城市隧道等的布设形式、匝道位置、道路之间的组成要素、道路可持续发展策略等进行研究。同时,南京对现阶段城市建设过程中存在的问题进行分析,制订出道路功能划分原则;基于当今社会老龄化趋势,研究现有城市道路功能和横断面组成等,以此来改善南京城市道路路况。

3.上海

上海城市道路横断面规划有许多值得其他城市借鉴、学习的地方。上海以城市发展为基础,建设"申"字形快速内环道路网络,提出高架桥四车道 18.5 m、高架桥六车道 25.5 m 的宽度设计数据。2001 年,同济大学联合其他单位编制完成了《城市道路平面交叉口规划与设计规程》,其中提出了平面交叉口需要按照城市规划方案中的道路性质、道路类别等分类设计;需要以城市交通流量、车辆流向、交通环境、用地面积等因素为基础,科学、合理地制订出道路平面交叉口规划方案,为现有平面交叉口提供参考依据。2003 年,同济大学对城市主干路交通和景观规划方案进行系统性的分析和研究,总结出交通设计与城市景观环境相结合的方法。此外,同济大学还提出可以采用近期交通需求和远期交通需求相结合的方式,坚持可持续发展原则,合理配置城市现有资源,使交通与景观、生态环境相协调,避免出现资源浪费现象。

2.2　城市道路功能

城市道路作为城市空间布局的关键脉络,不仅是城市交通的载体、城市景观的窗口,还是城市地貌特征、风土人情的表现。道路横断面规划设计是将城市道路的各个功能具体反映在路段上,而城市道路规划方案则直接影响到土地资源的利用率、市政基础设施敷设情况和城市道路的通行能力。

城市道路网络作为城市交通的关键部分,为机动车、非机动车、行人等提供相应的通行空间。城市道路不仅是城市交通规划的主要内容,也是城市交通规划的框架,一旦城市道路形成,就无法改变。因此,城市道路布局直接影响到城市整体规划和交通布局。城市道路系统在规划时,需要保证城市客运车辆、货运车辆的通畅以及行人的安全;能够直接反映城市的风貌、文化底蕴和历史印记;为其他市政公用设施预留充分的空间;满足特殊情况下的要求,如城市救灾、避难等。城市道路所具备的功能需要符合城市发展需求,其主要功能体现在以下几点。

1. 空间形态构架功能

城市干路是城市各种功能的"骨架",也是城市生产和生活的"动脉";城市支路、巷道是城市的脉络,也是城市生产、生活的"毛细血管"。城市道路系统布局直接影响着城市的发展和运转。城市道路功能的展现,直接影响城市规模、结构形态和土地规划等。因此,城市道路的空间形态构架功能主要为以下几个方面。

①城市各级道路可作为划分城市各个区域、各类城市用地的界限。城市道路是城市用地的重要组成部分,也是城市基本活动的支撑空间,因此需要将城市道路与城市活动空间做好协调,换而言之,就是将公共设施用地、工业用地、仓储

用地以及居民用地之间的关系做好协调。城市一般道路和次干路作为划分巷道或小区的分界线；城市次干路和主干路作为居民区的分界线；城市交通性主干道和快速干道、绿化带作为城市分区的分界线。

②城市各级道路是城市各个区域、城市各类用地的通道。城市一般道路和支路将小区连接起来；城市次干路将城市各个区域、居住区连接起来；城市主干路将城市各个分区连接起来；城市快速路将郊区、城区连接起来。

③城市道路将城市总体布局、空间景观组织展现出来。城市道路可将城市用地的水系、建筑古迹、古树等联系起来，构建城市空间布局；可将城市空间活动场所的"点、线、面"连接起来，协调好建筑物风格、色调和空间等之间的关系；还可将大街小巷连接起来，体现出城市生活气息。

2. 交通载体功能

城市道路为城市道路交通的组成，可确保车辆、行人互不影响，畅通无阻。科学、合理地确定道路性质和功能，增大交叉口之间的间距，并且设置立体交叉，最大限度地做到人车分流，确保车辆和行人各行其道，从而提高道路的通行能力，实现交通流畅、安全行驶的目的。城市道路交通载体功能主要表现在以下几点。

①城市道路的等级。城市道路的功能与相邻用地性质保持协调。道路两侧土地的使用率直接决定了用地道路的性质、结构和等级，同时也决定了用地周边道路的功能。道路的性质和所具备的功能确定好之后，也就决定了道路两旁用地的开发模式。比如，道路在城市道路交通中所处的位置直接决定了道路的性能，因此，若道路为交通性道路，则不得在其两侧设置人流量较大的生活用地，如大型公共建筑、居住中心等；若道路为生活性道路，则不得在其两侧设置车流量、货流量较大的交通性用地，如大型企业、仓库等。

②城市道路系统应完整、畅通，交通均衡分布。不同等级的城市道路需要协同合作，充分发挥交通工具的特点，确保满足不同人群的需求，建设一个合理的交通运输网络，在城市各个区域建立方便、安全的交通运输体系，使其不但能够满足日常交通运输的需求，而且还能够满足自然灾害等特殊条件下的运输需求。

③城市道路系统规划应与城市用地规划相结合，科学合理布局，缩短出行距离和往返距离，确保与城市外交通的密切联系。此外，在确保道路网密度和面积率的基础上，实现交通分流，为城市交通组织创造条件。

3. 景观环境功能

城市道路作为城市带状景观轴线,能够丰富城市景观。城市道路应与城市绿地系统、建筑物、绿化等保持协调,从而形成绿地"面、线、点"的景观。

①对于坡度较大的交通道路,在两边布置绿地时需占地面积大,从而确保道路安全通行;也可以进行弯曲处理,从而减少驾驶人员的视觉疲劳。

②对于生活性道路,以实际地形为基础,将城市绿地、水系、城市标志性建筑等连接为整体,道路随着地形变化而自然起伏,根据地形角度变化,选择宝塔、古树、雕塑等作为对景,打造生活、活泼的城市景观特色,将城市道路打造成居民心中的"骨架"。

③根据《城市绿化工程施工规范》(DB45/T 447—2007)要求,城市道路绿化率为 15%～30%,城市道路才有带状线性布局,需要科学、合理地设置中分带、侧分带和路侧带的绿化宽度,与城市"面、线、点"规划相结合,打造绿地"面、线、点"系统。

④对于富含历史韵味和传统城市风貌的道路,需要加以保护,可以设置骑楼、滨水步行街等具有历史记忆的道路,为城市道路增加特色。

4. 公共空间功能

公共空间功能是指确保城市生活空间和公共空间正常通风、采光的功能。

①城市居民生活空间离不开城市道路,因此需要确保城市道路满足居民日常通风、采光、照明等需求。随着城市化进程的快速推进,居民住宅区域的空地面积逐渐减少,城市建筑逐渐向着高层化发展,因此,将城市道路和建筑高度比例进行调整,加强城市道路空间价值尤为重要。根据我国城市建设发展情况来看,当道路红线宽度设置为沿街建筑高度的 2 倍时,不仅道路和建筑物的采光、通风、绿化等均符合要求,而且还能够展现建筑物的风貌。

②城市公用基础设施不仅可确保居民正常生活和生产,也能确保城市功能正常运行,由此可以看出,城市公用基础设施是城市生命的主动脉。城市公用基础设施主要由城市给排水系统、供电系统、供热系统、通信系统和燃气系统等各类公用事业管网系统组成。各个系统管线基本按照城市道路伸展方向敷设,这样才能更好地为城市建筑、居民等提供服务,与城市相辅相成,缺一不可。城市公用基础设施作为城市道路的关键组成部分,科学、合理地布设城市管线,对于协调管线敷设、城市用地、道路设施、道路功能、城市景观环境等都起到了至为关

键的作用。

5. 城市防灾功能

城市防灾功能是指需要保证道路在特殊情况下(比如消防活动、抗震救灾活动、防火带、应急逃生等)的功能。当发生地震、火灾等地质灾害时,道路沿线的建筑物具备不易燃烧的特点,而宽度设计得科学、合理的道路可以作为紧急避难通道,确保人身安全。此外,为了有效地阻止火灾蔓延,一定面积的空地对建筑物极为重要。道路具有一定的宽度,因此其能充当防火带,确保人身安全。

2.3 城市道路等级结构

城市道路等级结构设置需要满足城市不同交通工具、交通方式、交通性质的要求。不同等级的道路需要满足人们长距离、短距离以及不同类型交通方式的要求,这对城市道路沿线的出入控制提出了新的要求。

2.3.1 城市道路分类

根据《城市道路工程设计规范》(2016 年版)(CJJ 37—2012)的要求,以及城市道路在道路网中所具备的交通功能、对沿线建筑物的服务功能,城市道路可以分为快速路、主干路、次干路和支路四类。

1. 快速路

快速路是大城市道路交通的主动脉,主要服务于城市中组团间或跨区域间的中长距离快速交通及过境交通,具有很强的通过性交通特性,还具有交通容量大、行车速度快等特征。快速路交通的主要特点是连续流,单车道通行能力一般可达到 1500 pcu/h,进出交通一般以匝道相连,车辆行驶速度为 $60 \sim 80$ km/h,车道宽度为 $3.5 \sim 3.75$ m。快速路需对周边开口施行出入口控制管理,沿线建筑物进出口也应加以控制。根据《城市综合交通体系规划标准》(GB/T 51328—2018),快速路规划应符合以下要求。

①城市居住人口超过 200 万且长度超过 30 km 的带状城市可以设置快速路,并且与其他干路组成交通网络,加强城市与外界之间的联系,提高便捷性。

②快速路上机动车道需要在中央设置分隔带,且不得在机动车道中设置非

机动车道,提高车辆行车安全。

③严格控制与快速路交汇的道路数量。按照要求设置相交道路的交叉口。

④不得在快速路两侧设置公共建筑出入口。对于人流集中的地区,需要在快速路上方设置人行天桥或地道。

2. 主干路

主干路是道路系统的骨架,它联系城市用地组团和各区域内部的交通,以交通功能为主。主干路一般为双向 6～8 车道,相向行驶的机动车道间应设置中央分隔带或分隔栏,交通流为间断流,设计车速为 40～60 km/h,车道宽度为 3.25～3.5 m;对两侧的地块开放出入口,但不宜设置吸引大量车流、人流的公共建筑物进出口。根据《城市综合交通体系规划标准》(GB/T 51328—2018),主干路规划应符合以下要求。

①主干路上的机动车道与非机动车道之间应设置防护栏,禁止交互行驶;在交叉口处设置机动车道与非机动车道分隔带且分隔带不能间断。

②不得在主干路两侧设置公共建筑物出入口。

3. 次干路

次干路作为城市各区、各组团内部的关键道路,负责道路交通集散,与主干路共同组成城市干道路网络。根据《城市综合交通体系规划标准》(GB/T 51328—2018),次干路规划应符合以下要求。

①可在次干路两侧设置公共建筑物出入口。

②可以将机动车、非机动车的停车场,公共交通站,出租汽车服务站设置在次干路上,并做好标示。

4. 支路

支路是次干路与街巷道路之间的连接线,主要解决局部地区的交通通行问题,为居民提供服务。根据《城市综合交通体系规划标准》(GB/T 51328—2018),支路规划应符合以下要求。

①支路需要将次干路和居住区、工业区、市中心区、市政公用设施用地、交通设施用地等内部道路连接。

②平行快速路可与支路连接。在快速路两侧的支路需要连接时,需采取分离式立体交叉方式跨过快速路。

③支路需要符合公共交通线路行驶的基本要求。

2.3.2 城市道路等级的确定

城市道路等级的确定要从城市总体规划和道路交通系统规划出发,并考虑道路交通与沿线用地、城市景观环境、市政基础设施等的关系,其主要依据道路的交通流特性、道路两侧用地性质及主要服务对象等。

1. 交通流特性

以快速路与主干路为例,二者在道路交通流特性上有很大不同。城市快速路行车速度可达 80 km/h,以快速机动交通为主,流量大,交通流为连续流。主干路的设计车速为 40~60 km/h,以机动车和公交车流为主,交通流为间断流,需考虑非机动车和行人能够穿越,并满足不同出行距离对行驶速度的要求。

2. 道路两侧用地性质

城市道路的性质和功能决定了道路两侧土地的开发利用模式,而道路两侧土地利用模式在一定程度上影响了道路功能和等级结构。城市规模和土地使用性质不同,对城市道路功能的要求也不同。为满足不同的出行目的和方式,作为交通主要承载设施的城市路网不仅应层次分明,而且要功能清晰,与道路沿线用地性质相匹配,充分发挥道路的功能。

3. 主要服务对象

快速路主要为机动车特别是大运量客车提供直达服务;主干道为机动车和公交客流服务,还需考虑非机动车和行人能够通行和穿越。基于道路等级和实际通行的交通特征,可通过车速管理,进一步确定车道宽度、设置信号灯和出入口间距及公交车站点等。不同的服务对象,对出行距离及速度要求不同,也决定了要采用不同的交通方式。

2.4 城市道路功能与等级结构关联性分析

城市道路系统是指道路功能和道路等级结构的结合体。城市道路功能是以城市总体规划布局为基础,将城市道路与城市空间布局、道路交通、城市景观、市政基础设施之间的关系协调好,使其满足城市道路的空间要求,从而确定城市道路的属性。道路等级结构是以城市总体规划和道路交通系统为基础,与道路交通、城市用地、规划布局、居民出行方式、出行便捷程度等密切相关。为了确保道路交通分流合理,提高城市交通的运转效果,改善城市居民的出行环境,应根据实际情况确定道路级配系统。城市道路体现了城市建设发展水平,科学、合理的城市道路管网需要各级道路互不干扰,相互配合,从而确保道路功能结构和道路等级结构的协调性。城市道路的功能需要与道路等级结构相适应,道路等级结构能够展示城市道路所具备的功能,这样才能够确保城市道路提供服务功能。

1. 道路功能是划分道路等级结构的基本依据

城市道路将城市各个功能联系起来,使其形成一个有机体。城市道路的功能划分需要与道路等级结构相匹配。快速路主要是将跨区间、长距离、大运输量的机动车进行快速疏解,不仅能够有效提高城市道路的总体容量和疏解能力,而且还能够减轻主次干路的交通通行压力和交通污染。主干路主要承担跨区间长距离机动车的运输。快速路和主干路相互协作构成城市的主动脉,也是城市机动车交通通行的核心通道。城市次干路主要是将快速路和主干路的交通压力分散。因此,次干路同时具备交通性和生活性。支路主要是为地区的日常出入提供服务,类似于人体的毛细血管。

2. 道路等级结构的合理划分及规划建设是实现道路功能的基本保证

道路等级次序不仅具备结构性,还具备功能性。城市管道网络作为城市平面的框架,将快速路、主干路、次干路和支路四个等级道路有序连接。快速道路适用于长距离、大运输量的交通通行,流量大的非机动车交通可分散给次干路和支路。同时,我们应根据主干路的具体通行情况来进行交通组织,从而确保城市交通有序运行,展现城市道路的综合服务能力。但是,若城市道路等级结构不合理,则会导致道路功能无法正常展现,影响正常交通通行。长久以来,在对道路网进行规划时,国内城市将规划建设重心放在快速路和主干路上,忽视了城市次干路和支路的建设,导致城市道路等级结构不合理,出现倒三角现象,这种现象较为普遍,交通生成点和干路系统未设计过渡性连接设备,城市交通主要依赖贯通的干路,无法做到机动车和非机动车分流,也无法将不同出行距离的车辆进行分流,使得不同类型道路的交通功能难以发挥。道路等级划分不合理主要表现如下：城市交通不畅通、快速路车辆速度不快；长距离交通与短距离交通存在重叠现象，机动车与非机动车、步行出行相互重叠，快速交通与常速交通车流存在重叠混乱现象。

3. 城市道路的等级结构、功能划分应与毗邻用地的性质相协调

城市道路等级结构能够将城市用地功能有效区分，有效组织交通车流通行。随着城市化进程的不断推进，土地资源稀缺、边缘效应递减、土地利用困难等使得城市用地主要依赖于城市外部环境。城市道路将城市各个功能分区有效地联系起来，从而实现各个功能分区之间的客运车辆、货运车辆的流动，加强各个地区的功能。道路两侧土地的利用模式直接影响了用地的道路功能和道路等级结构，而城市道路的性质和功能也直接影响了道路两侧土地的开发模式。城市道路等级结构、城市道路功能划分和道路沿线用地性质缺乏协调性，导致道路交通功能下降，交通环境混乱。在我国大多数城市道路建设过程中，沿道路两侧开发较为普遍，尤其是商业建筑，盲目追求经济效益，越是交通复杂的地区，越是沿街开设店铺，几乎所有大型商业建筑均设置在快速路、主干路两侧，借助干路组织车辆通行，从而导致城市主干路交通负担增加。从微观角度分析，出现该现象的原因是施工单位只关注眼前利益，忽视了道路网系统的整体交通运输能力；从宏观角度分析，则是建筑企业未能从社会发展的角度来看待城市规划和管理，使得城市土地利用和道路无法协调发展。

快速路、主干路属于交通性道路，次干路兼具交通性和生活性，支路则主要界定为生活性道路。实践经验表明，分清道路功能至关重要，它可以提高路网的运转效率。道路等级与道路功能总是相互影响的：道路功能是通过道路等级来体现的，道路等级则决定着道路功能能否正常实现，对于城市交通系统的高效运行有着重要的作用；脱离道路功能划分的道路等级结构无法满足实际需求，合理的功能结构需要合理的等级结构来支撑。在实际工程中，常常对快速路和主干路在道路功能定位及等级选择方面存在较大差异，这会直接影响城市交通的运行效率。

第 3 章　市政道路工程规划

3.1　城市交通是城市现代化的重要支撑条件

随着经济的快速发展和改革开放的不断深化,城市化进程不断推进,这给城市交通提出了更高的要求。随着城市交通需求量的不断增长,交通事故发生率持续上升、交叉路口交通拥堵、道路超负荷运行、车辆行驶速度下降、乘车拥挤等问题不断出现,严重影响了城市经济发展和城市化的速度。这使得当地政府部门将加快城市交通现代化作为关注的重点。城市现代化的核心为城市交通现代化,在城市经济发展和城市化进程不断推进的过程中,创建现代化的城市交通占据着核心位置。在城市交通现代化的过程中,地下通道、高架桥、快速路、主干路和宽阔的马路为其提供基础保障,同时大型停车场等设施为其提供辅助作用,科学、合理地设置道路交通网,可使城市交通现代化发展与城市发展方向、人口密度、城市建设规模等实现协调。城市交通设施和设备达到现代化发展的需求以后,还要采取切实可行的措施来对其进行高效的管理。高效地管控交通运行情况,显著提升交通管理的科学性,将交通拥堵问题控制在最小范围内,充分利用有限的设施和道路,使交通设施和设备发挥出最佳的作用。

城市交通问题一直以来都是政府部门和人民群众普遍关注的焦点问题,我国大中型城市中的交通拥堵问题越来越严重,如果无法得到高效的整治,就会给我国经济发展造成严重的不良后果。在全国交通领域中,大城市交通占比比较大,城市交通承担着繁重的集散、中转、换乘、客货运输等任务,过境车辆和人口交通数量的不断增加,给城市内部交通带来了巨大的冲击。

对于大城市交通来说,要想实现稳步发展,就要有强大的社会经济为其提供可靠的支撑。世界上现代化城市交通逐渐向信息化方向转变,高效、舒适、便捷、快速的城市交通系统正在形成,其将交通控制管理、客货运体系建设和道路建设进行了全覆盖,促使城市交通逐渐实现了现代化发展。

3.1.1　城市交通面临的主要问题

我国城市交通在发展的过程中，面临的主要问题如下。

①道路数量不多，车辆增长速度过快，现有道路的发展潜力较小。

②车速变缓后，交通堵塞问题越来越严重。

③公共交通发展举步维艰，二轮、三轮机动车的发展速度比较快，对城市交通提出了更高的要求。

3.1.2　城市交通发展的目标与方向

城市交通发展速度滞后，采取增量配套的方式已经无法取得良好的效果，需要对城市整体交通格局进行质的改变，积极开展科学布局工作，促使市场经济建设和城市建设朝着更加健康的方向发展。一方面，扩大现代化设备的使用范围。注重对城市交通设施技术水平的快速提升，加大对现代化科学技术手段的使用范围。另一方面，实现交通战略的现代化发展。创建完善的政策制度，做好交通方式与交通供需关系的协调工作，使城市路网运输的效率发生显著的提升。正确的战略与先进的设施有机地融合起来，加大城市现代化多层次综合交通体系的建设力度，促使综合交通体系得以快速建成。综合交通体系包含的主要内容如下。

①道路。创建与城市规划相结合的网络系统，面积率控制在 20% 左右，做好快、慢道设置工作，商业区内设置步行道和公交优先行车道，对停车场地进行合理的划分。对整个交通系统中的各个组成部分进行合理的设置，充分发挥轮渡、地下轨道、空中轨道、人行天桥、高架桥的优势，使其与城市环境发展协调统一。

②车辆。性能卓越的私人汽车，使用专业技术手段设计的专用车辆，能够提供便利的出租车、汽车、公共电车和轨道便捷运输系统等，所有的车辆信息实现资源互补，将噪声、废气排放、能耗降到最低，显著提升车辆的舒适性。

③管理。制定完善的客货运输管理制度、交通设施管理制度和交通法规等，实现对路段、车辆情况的自动监测，将交通信息及时传输出去，在经过全面处理后，从"面、线、点"三方面对行驶车辆进行有效的指导。对防止事故发生的安全设置、防滑设施和照明设备等进行科学的设置，设置停车管理设施，并将道路交通标识准备齐全。积极开展宣传教育活动，税费收费标准要做到合理、合规，确

保交通建设和管理工作实现长远发展。从目前的情况分析,我国城市交通正在不断加大对交通网络布局质量的改善,加大了对立体交通和城市轨道交通建设的力度,使公共汽车交通的主体作用得以全面的发挥,创建了完善的城市交通信息诱导和控制系统。

3.1.3　城市交通系统的形象特征

城市交通系统的形象特征如下。

①城市交通结构要适合我国的国情,使用全国平均水平来衡量城市居民的出行总量。经过全面的分析以后发现,在今后一段时间里,我国城市车辆发展将会迎来最佳的机遇,在少数的特大城市中,轨道车和小汽车所占比重会持续上升。

②创建多层次网络体系,不仅设置了自行车行驶的慢速交通系统,还创建了汽车化的快速交通系统,并且有很多地区实现了非机动车与机动车分流。

③加大快速轨道交通发展的速度,很多地区已经使用轨道交通来运输客流。

④不断提升科学管理的积极作用,使道路的通行能力发生根本性改变。

⑤不断扩大高等路面的比重,使城市中的更多家庭拥有小汽车。在城市现代化发展速度不断提升的过程中,城市交通也逐渐朝着快速、高效的现代化方向发展,推动我国市场经济朝着更加先进的方向发展,为全面实现小康社会做出了突出的贡献。

3.1.4　市政道路工程规划设计存在的主要问题

市政道路工程规划设计存在的主要问题如下。

1. 规划设计不合理

部分市政道路工程规划没有结合当地的实际情况和发展要求,而是根据传统的设计经验进行设计。设计师对拟设计道路的使用情况没有详细调查研究,对当地车辆的超载情况及当地土质的承载能力和稳定性没有全面了解,对当地的树木的分布和植被状况注意不够,粗线条处理当地的地形、地貌和自然环境状况,对地下水的分布及其随季节变化情况的掌握不够细致、全面,多处道路出现深挖高填现象,严重侵占农业用地,砍伐大量树木,破坏当地的自然环境和生态环境,造成当地自然环境恶劣,出现极端天气,大量增加工程费用等。在此情况

下,设计师制订了不合理的道路设计方案,造成道路功能欠缺,行驶的舒适度和行车速度降低,甚至造成事故多发,对当地的生态环境和经济发展造成严重的影响。设计师没有详细分析当地的气候情况,没有详细调查已有路面的建设和使用情况,对当地是适合沥青路面还是水泥混凝土路面不够明确,导致道路建成运行后迅速破损,无法达到预定的使用年限。

2. 配套设施设计不完善

道路设计时方案设计占据了市政道路工程规划设计的大部分,片面地理解市政道路工程规划设计,将道路工程设计错误地理解为道路结构设计,对地下给排水管道、道路绿带、道路照明,以及道路交通标识、标线和服务设施的设置不重视,没有进行综合考虑,割裂了市政道路规划设计的整体性。在细节上没有听取市民的意见和建议,没有进行问卷调查,闭门造车,造成道路在寿命期内总是拆拆改改,一直无法完工,极大地影响了市民出行的便捷度和管理者的信誉度。

3. 规划设计存在偏差

市政道路工程规划设计只注重道路的坡度、宽度、厚度,而没有细致考虑路面的防滑、耐磨性能以及轮胎和路面之间的摩擦系数。选择基层和面层材料时,设计师没有仔细筛选验证,忽略了特殊天气对道路材料的影响,导致道路在高温天气发生"疲软",在雨天行驶发生侧滑,重车坡道行驶时搓起路面等严重情况。设计师对路面的强度、抗变形能力、抗车辙能力、抗裂能力等计算不精细、不严密,各层材料的特征值取值偏差太大,虽然按理论计算得出的道路弯沉值合适,但实际上和当地供应材料的特征值有偏差,造成各层强度不均衡,道路容易出现车辙、大坑等。市政道路工程规划设计对于一些特殊的位置(如停车场、交叉路口、道路的转弯处等)没有进行特殊设计和精细设计,导致雨天存水,半径或超高不够,行车转弯困难,该部位先于其他部位损坏等现象,严重影响整条道路的交通能力和使用寿命。

3.1.5　市政道路工程规划设计建议

市政道路工程规划设计建议如下。

1. 一切从实际出发,因地制宜,实地考察

实践是检验真理的唯一标准,同样实践也是指导设计的前提和基础。市政道路工程规划设计应结合当地的地质条件、道路分布特点、道路车流量分布情况和当地的气候特点进行。在设计开始前,工作人员要开展问卷调查,积极听取市民的建议,收集对设计有益的信息,确保设计的合理性,做到有的放矢。在实施设计方案时,应减少对农业用地的使用,保持当地植被的完整性,不破坏当地自然环境,尽量不填埋沟渠,如果道路建设必须经过河道、洼地,可以建设桥涵等设施。市政道路应与自然环境、经济发展、社会文化相结合,做到协调统一。

2.统筹规划,科学安排

市政道路工程规划设计关系到人民的切身利益和人身安全,有关部门必须着眼于全局统筹规划,组织有关专家深入地研究制订合理的方案。设计时既要保证材料的可靠度、设计的可操作性,合理选材,也要确保低能耗、低污染、低浪费。设计时要准确计算路面的平整度、结构强度、路基的稳定性、车胎和路面的摩擦力,确保道路运行时的安全。

从实践经验中我们了解到,裂缝控制是市政道路工程的一个重要环节,也是市政道路工程破坏的重要原因。根据我们对市政道路工程设计规划的实践研究,就目前的道路规划布置方式、材料特性、施工方法、道路使用情况而言,要想真正杜绝道路裂缝是做不到的。我们调查发现,对道路破坏性最大的裂缝有以下三种。

①路面上检查井周边的裂缝。道路上先出现裂缝的部位一般是各种检查井周边。出现裂缝的主要原因是道路材料和井体材料的差异,由于材料差异,结构不同,整体性就差,车辆通过时震动的波形和变形就不一样,就会出现裂缝,更由于各种检查井不是防水结构,雨污水井在雨季或特殊使用情况下,水面超出管道甚至溢出井口,产生横向渗漏,造成井壁外侧较大的沉降和变形,裂缝就会快速发展,造成道路坑洼不平。由于传统规划设计模式下,路面上的检查井是成千上万的,检查井处道路的破损会严重影响城市交通。同时,路面上检查井处的裂缝和损坏,维修困难,不能彻底修复。

②车辙裂缝。有裂缝就会渗水,基层受水浸泡后,在车辆再次通过时,就会产生冲击沉降,多次循环后就形成大坑,严重影响交通安全。

③因路面材料收缩而产生的裂缝。对于混凝土路面,这种裂缝是灾害性的。

在规划设计环节,要解决上面提到的三种裂缝,我们可采用下述方法。对于路面上检查井周边的裂缝破坏,可采用"躲"的办法,即将路面下的排水管道尽量设置在人行道下和绿化带内,这就要求规划设计时解放思想,摒弃传统的规划设

计原则,开拓创新。对于车辙裂缝,主要是路面或路基设计强度偏低或道路强度还没有达到设计强度就提前使用造成的,在规划设计时,路基不能有软弱层,如果有软弱层,必须处理。在选择基层材料时,应尽量选用半刚性材料,如果施工工序控制严格,通行的时间压力不大,则可以选用水泥类刚性基层。施工时必须严加管理,采取可靠措施,杜绝车辆提前上路。对于因路面材料收缩而产生的裂缝,必须避免。在进行道路规划设计时,必须根据当地气候条件选择路面材料,如果是沥青混凝土路面,则采用改性沥青,增加路面的塑性,如果是水泥混凝土路面,则根据温差计算混凝土的温度应力,合理使用减水剂和掺加能改善混凝土塑性的材料,施工时必须检测水泥的稳定性,保证含水率符合标准,根据施工季节设置伸缝或缩缝。各部门一定要重视道路裂缝问题,从规划、设计、施工各方面采取可靠措施,只有这样,才能从根本上解决路面裂缝危害问题。

3. 狠抓细节

对于细节要高度重视,对特殊的位置(如十字路口、转弯处、停车场)要细致设计,合理布局。对于可能出现的状况要有预见性,并在设计中给予改善。交叉路口车流量大,刹车频繁,路口材料应该与车轮产生更大的摩擦力,路面也应更厚、更结实,路面排水应更顺畅,使刹车有更好的制动效果,防止发生交通事故。道路路基和路面的稳定性和强度受到水的影响,许多路面的损坏都是雨水造成的,路面长期积水,经过车辆的长期压辙,形成许多坑洼,因此,应做好路面的排水工作,完善排水系统。道路材料特征值必须采用当地材料和施工方法能达到的特征值,对各层材料的强度和变形特征值要有明确的要求,施工时严格按各层材料要求施工,保证各层材料均衡一致,避免总体特征值达到要求而各层之间差别太大的问题。道路各层之间要衔接良好,尤其在坡度较大部位,应坚决避免各层之间光面接触。为了提高道路的抗滑性和整体性,道路坡度较大路段、交叉路口、新旧连接处、不同材料连接处,一般应该附加玻璃纤维土工格栅材料,工程实践证实,敷设玻璃纤维土工格栅材料可提高道路的抗车辙性能和抗裂性能。另外,水是造成路面破坏的主要原因,因此无论是规划设计阶段还是施工阶段,都应重视水的因素,采取工程措施和管理措施,及时排除路面积水。施工过程中要时刻注意雨水等的影响,防止水患给路基和路面造成质量隐患。市政道路的配套设施是市政道路工程的有机组成部分,配套设施设计的完善与否直接影响道路使用,因此,对道路的配套设施必须进行仔细的设计。例如,给排水和其他管线的路线,井盖的放置地点,可能出现的连续暴雨造成的路面大量积水,道路的照度、亮度和均匀度标准,路灯的间距,光源的选用,绿化带位置安排,布局的合理性,设计时都要认真考虑,根据实际情况会同相关部门制订详细方案。只有狠抓细节,人性化设计,精细化设计,才能修一条好路。

　　道路工程规划设计影响着人们的生活和城市的日常交通运行。不合理的市政道路规划设计,会严重影响城市的经济文化发展和社会进步,因此,我们在构建和谐社会的同时,也要加强对市政道路工程规划设计的研究,在进行道路施工时,必须严格按照相应的设计和规范进行,针对不同的工程的设计方案,根据具体情况,因地制宜地采取相应的措施。设计人员应该经常深入工地现场,多做调查研究,通过工程实践积累经验,不断地总结和创新市政道路工程的规划设计思路,结合当地的地形、地貌、地理、地质情况,努力降低工程成本,提高公路使用性能和舒适度,保证城市的道路交通工作正常、有效地运行。

3.2　城市道路是城市空间形态的主要构架与脉络

　　在人类第一次劳动大分工以后,固定的居民点数量逐渐增多,这也使城市建设初见成效。在城市出现以后,城市发展水平直接影响着人类文明的发展速度。历经上千年的发展,城市从无到有、从小到大、从少到多,城市的形态和功能也变得越来越复杂,在城市演变的过程中,科技、经济、人文和地理发挥着重要的促进作用。进入 21 世纪以后,世界大城市先后经历了空间结构上的重新构建。1980年,我国旧城改造的规模逐渐扩大,城市郊区化发展的速度也越来越快,促使我国进入了城市空间形态发展的快速演变期,城市内部用地结构和空间布局发生了根本性的改变。在城市郊区化发展的过程中,最为常见的问题就是中心城区向外扩展、不断分散蔓延,这也是今后我国大城市空间形态发展的主要方向。部分城市中心地区范围的管控未能取得良好的效果,导致对外迁人口发展新的居住区时,与中心城区连成一片,使得城市范围变得更大。比如:在 20 世纪 50 年代,北京开始对郊区 10 大边缘进行组团建设,到了 1982 年,北京城市总体规划对这一规划原则进行再次重申,然而因没有采取积极的措施与中心城区隔离,使得中心城区与多数边缘组团连接在一起。1949 年,北京的面积仅有 100 多平方千米,到 1978 年时,北京的面积达到了 340 km²,到了 2001 年北京建成区的面积达到了 780 km²,从 1949 年到 1978 年,短短的几十年,北京的面积增长了两倍以上。在广州、上海、天津等一线城市中,这样的问题普遍存在。比如上海地区,从 1986 年至 2001 年的 15 年间,城市的面积扩大了将近三倍,同期广州的面

积扩大了 2.5 倍,天津的面积也扩大了 1.5 倍。综合分析这种发展模式以后发现,此类形式不仅给土地造成了严重的浪费问题,还会导致城市土地开发效能降低,给城市环境和道路交通造成了不同程度的影响。

城市交通系统包含的主要内容有城市交通管理系统、城市道路系统、城市运输系统等。城市道路交通是城市交通系统的核心组成成分。在城市道路交通发展的过程中,技术、社会、经济和政治都会给其造成不同程度的影响,表现最为突出的就是科学技术水平。在人类生存系统中,交通运输占据着核心位置,在交通运输系统中会先行使用先进的科学技术成果。只有技术进步,才能为革命注入全新的活力,促使交通工具实现快速发展,同时也会使道路网络的范围变得更加广阔,使世界各地的经济呈现出快速发展的趋势,城市道路交通也逐渐朝着立体化、多元化的方向迈进。

在城市道路交通发展的进程中,城市的规模、密度和功能结构都会受到交通的直接影响。城市形态特点会给城市中交通源分布、交通方式、交通供求状态、道路网选择和人们出行习惯带来重要的影响,在对城市道路交通基础和结构进行选择时,要从宏观的角度出发,显著提升城市道路交通的总体效果。社会经济活动以交通作为基础,交通是国民经济发展的核心组成成分。交通的出现时间要比城市的出现时间略早一些,城市要想实现快速发展,就要有便捷的交通。

城市空间形态会受到城市道路交通的制约,城市的骨架为道路交通,城市用地对道路交通网络的发展起着决定性的作用。城市用地结构也会受到道路交通的影响,随着道路交通条件的不断完善,城市就会出现逐渐向外拓展的趋势。城市发展的历史充分表明,在城市空间发展的过程中,城市道路交通起到了决定性的作用。城市交通体系从远古的土路逐渐发展成现代化的交通网络,不同路网结构和不同的交通形式都会给城市形态带来影响,城市今后发展的方向也会受到交通设施建设情况和交通线路修建情况的影响。

城市空间形态会给城市交通模式带来不同程度的影响,从历史发展的角度分析,新技术革命的落脚点和起源以交通运输方式和交通工具为依托,不论在哪个时期,科学技术发展水平都会受交通发达程度的制约。交通工具实现技术上的突破以后,城市打破了原有的界限,逐渐地向外围区域拓展,使城市空间结构发生了根本性的改变。在新的交通工具出现以后,城市发展将彻底突破原有的束缚,对城市结构模式进行全新的组合,使用填充模式继续完成拓展任务。城市出现以后,世界上城市交通先后经历的巨大变化共有五次,交通技术革新以后,城市货运从空间位移层面分析,其花费在时间和经济上的成本就会不断减少,使得城市形态随之发生变化,对不同的城市空间组织形态进行积极的塑造。从步行发展到马拉车的形式,再到汽车、铁路和电车的出现,环形公路和高速公路获得了最佳的发展时机,城市从过去的高度聚集形态向环形或者是星形转变,城市发展到现在,慢慢地实现了多核心发展。

环形公路和高速公路发展的黄金时期为 20 世纪 50 年代,高速公路使更远的城郊空间可达性不断增强。城郊居民区在城市化区域发展的过程中,以蛙跳的形式频繁发展,那些与丘陵、森林或者是水体比较接近的居住核迎来了发展的最佳时机。从某种角度分析,沿着铁路的串珠状居住地形态与最终的空间形态比较接近,该模式受交通限制不明显,间隙地带郊区生长与低密度扩张紧密地联系在一起,随着高速公路的不断发展,电车逐渐地淡出了人们的视野。进入 20 世纪 50 年代中后期,很多城市出现了汽车,城市原有的公共交通工具电车被汽车所取代,公共交通乘客的数量出现不同程度的减少。受人口分散程度的影响,就业中心也随之发生了变化,从过去的城市中心不断地向外延伸,形成了更多的区域型购物中心和生长核心,很多企业开始在郊区建厂。修建环形公路的最初目的为给城市过境车辆提供便利,然而在其发展的过程中,环形公路逐渐成了城市间交通的主干道。

进入 20 世纪 80 年代以后,城市郊外社区的空间可达性借助环形公路实现了快速发展,大量新的核心在交叉点、出城主干道和环形公路上出现,使得新的城市活动在此生根发芽,导致逆城市现象越来越突出。所有的变化都会给城市发展带来不同程度的影响,与郊区比较,中心城市的土地价格出现了小幅度的降低,而那些距中心城区比较远的郊区的土地价格却出现不同程度的升高,土地价格峰或者价格脊则在高速公路附近出现。

轨道交通属于新兴的公共交通运输方式,其运输速度比较快,容量也比较大,在我国城市综合高速交通发展的关键性时期,其作为一种全新的发展模式得到了广泛的应用。轨道交通兴起以后,城市空间形态得到了不断优化和升级。城市轨道交通占地面积比较小,实现了对城市土地的集约化利用,促使客流量得到快速疏散。轨道交通的空间形态扩展模式受轨道交通线网模式的直接影响,城市空间形态扩展的发展轴以轨道交通线路为核心。受轨道交通沿线土地开发辐射效应的影响,城市空间范围得到了不断拓展,加快了城市用地沿着轨道交通走廊向城市区域外部拓展延伸的速度。

3.3 城市道路横断面规划中存在的问题

在设计道路横断面时,要对交通良好的运行效果给予足够的重视,确保出行人员的行车安全,使城市景观效果得到显著提升,并对道路生态环境进行积极维护,防止地下管线与地上管线出现交叉的情况,确保无积水,与沿线各类建筑施工企业进行积极沟通,合理地开展公共设施布设工作,将建设成本投入控制在最低范围内。

3.3.1 城市道路横断面形式

1.交通流运行特点

不同的交通流运行特点,对道路横断面形式的要求也存在着很大的不同,单幅路适合机动车交通量不大的地区,车速普遍不高,非机动车也比较少。

2.交通安全

科学设计道路横断面形式,综合分析道路照明、行人过街和机非混行等问题,使道路安全得到保证,将交通事故发生的概率降到最低。

3.道路景观

城市道路绿化包含的主要内容有路侧绿化带、行道树绿化带和分车绿化带等。道路横断面的形式直接影响着绿化带的形式,应从道路功能的角度分析,合理地选择绿化带的形式。

4.路面排水对道路横断面造成的影响

在既定的道路宽度情况下,科学地设置道路横断面形式,可以提升路面的排水速度,将路拱横坡过大给行车安全造成的影响降到最低。在对道路横断面形式进行选择时,要将对路面排水的影响放在第一位。

5.道路地下管线

在道路横断面下方设置地下管线,会挤占道路地下空间,因此在布设管线时,需要对不同功能的道路横断面形式给予充分考虑。

3.3.2　道路横断面设计的常见问题

1. 道路功能与交通流构成

在设计道路横断面时,只是对道路工程开展了相关的设计工作,没有对交通工程设计理念给予足够的重视,缺少对道路工程和所服务的交通流构成的综合分析,简单地结合城市道路等级来对机动车道数进行套用,使得道路横断面的布设形式过于机械,没有对道路在环境、服务对象、交通出行方式、周边用地性质、机动车的交通特性、交通组织、规划路网中的功能作用等层面的影响进行综合分析,使得道路出现了"千路一面"的情况,道路横断面和道路等级完全一致。

2. 道路红线宽度

在设计道路红线宽度时,道路规划部门只是在相交路口或者是立交区等位置将路口范围规划在红线宽度以外,通常情况下,整条道路的红线宽度都是相同的。在拓宽路口红线宽度时,遵循的主要原则为两条道路的等级要相同,且相交。在开展道路工程设计工作时,从交通组织的角度分析,通过对路口进行渠化拓宽以后,路口的通行能力得到了明显提升,交叉路口两个方向上的车道全部采取渠化的方式处理,使得路段与路口车道数得到有效的匹配,完善了道路的各项功能。受规划设计不到位的影响,道路设计时,经常会出现各种各样的问题,使得道路的功能受到严重的影响。

3. 机动车道宽度

我国关于城市道路机动车道宽度设计的相关规定中明确指出,我国机动车道宽度要比日本、美国等国家更宽一些。我国设置道路宽度时,对多辆大车并排行驶的车速进行了充分的考虑,确保车辆在行驶过程的安全。如今,在城市道路交通运行的过程中,通过对道路交通流的综合分析,对相关的规范进行了不同程度的修改,使其与时代发展的需求保持高度的统一。

4. 交叉口宽度

在设计交叉口横断面时,经常遇到的问题有很多,比较常见的有车道功能不合理、车道过宽、车道过窄、车道数量不足等。在经过大量的实地考察以后,使用

渠化车道拓宽横断面的形式来处理交叉口,使得道路的通行能力得到了明显提升。

5.公交车与出租车停靠站位置

在布设道路上的公交车停靠站时,具体的布设方式为:①在两侧的分隔带上设置港湾式停靠站;②在快速路外侧的多功能车道上,使用交通标线来规划港湾式停靠站;③在两侧分隔带或者是路边没有设置停靠站的位置设置港湾式停靠站,该种港湾式停靠站会占用很大的空间,给非机动车和道路通行造成了不同程度的影响,且存在着一定的安全隐患。

3.3.3 道路横断面设计的核心

1.城市道路功能

道路分级以后,设计道路横断面时,要对城市路网规划要求给予充分的考虑,结合不同的交通特性和道路等级,对道路横断面进行科学的设置,防止相同等级道路出现横断面相同的问题。在设计道路横断面时,事先将道路功能全部厘清,不断提升道路网运转的效率。不同类型的道路所服务的对象也存在很大的差别,在道路上,不同交通类型的优先级也存在着很大的差别。

2.道路红线宽度

对于交叉路口来说,要从路口交通流特征的角度出发,结合通行规则、通行权、通行空间等做出全面的规划。对于路段来说,综合分析交通过街设施和公交停靠站等信息,对所需空间进行合理规划。路段通车时间是交叉口通车时间的两倍,这就使得交叉口的进口车道单车道通行能力比路段差很多。要想使交叉口进口车道的通行能力与路段通行能力相匹配,在开展设计工作时,要对交叉口范围之内的红线宽度进行适当的增加,为今后进出口车道增加做好充分的准备工作。

3.机动车道宽度

对机动车道宽度进行科学的设置,使道路用地资源得到有效的节约。我国对城市道路机动车道宽度的设计要求比较严,道路宽度要适当增加,原来使用的标准已经无法满足现行要求。为了使我国城市道路交通流出现的新问题得到高效解决,使用缩窄机动车道宽度的方法来开展相关的工作。道路的通行能力受车道宽度的直接影响,但是影响并不明显。车道宽度保持在 3.2 m 以内时,下降幅度则保持在 10% 左右,外侧大型车道通行能力的下降幅度要大于小型车道通行能力的下降幅度。车道运行速度受车道宽度的影响也比较突出,在交通流比较小的情况下,车道宽度不会给行车速度造成严重的影响。在车流量增加以后,车道宽度越小,车辆运行的平均速度也就越低。

4. 交叉口的宽度与路段相匹配

在确定进口车道数时,应确保路段通行能力与进口车道的通行能力相匹配,并对进口车道宽度的约束给予充分的考虑,遵循的主要原则为:结合各流向预测的流量来对新建交叉口进口车道宽度进行设置,在对进口宽度进行改建时,要对各流向实测数据进行有效的利用;对交叉口进口车道宽度进行治理时,结合可实施的条件和各流向实测数据来完成治理工作。车道宽度设置为 3 m 左右,将专行车道设置在进口车道位置处,确定出口车道数量,上游各进口同一信号相位流入的最大进口车道数要与改建和新建的交叉口出口车道数一致,出口车道的每一个车道宽度都要保持在 3.5 m 以内。在对交叉口进行处理时,在条件有限的情况下,上游进口车道的直行车道要比出口车道多一条。

5. 科学布设公交车停靠站

(1)交叉路口附近。

在设计公交出行的起点和终点时,需要对乘客骑自行车或者是步行到达公交点的时间进行充分考虑,从而为乘客提供巨大的便利。交叉口是人流分散和聚集最便捷的位置,因此将公交站设置在交叉口位置处最合适。在设置下游车站停靠位置时,如果路口没有信号灯控制,需要在路口视距三角形以外设置停靠站。上游优先设置的具体要求:公交流量比较大,车辆停靠时不会出现任何的危险和冲突;公交线路出现右转的位置。

(2)路段上。

路段为多条公交线路并行,假如公交车行车密度比较小,上下乘客也比较少,可对站台进行合并处理。通常情况下,公交线路的数量要保持在 5 条以内。假如线路比较多,通过设置分站的方式进行处理,在道路平面上,要采取错开处理的方式来设置上下行线路对称的公交站台。

3.4　车道宽度及车道数的确定

1.确定机动车道宽度

国家严格规定了每一条机动车道的宽度,对于三级以上的多车道公路来说,每条机动车道的宽度都要保持在 3.6 m 左右。

2.确定非机动车道宽度

依据实际观测数据和非机动车辆形式要求,对非机动车的车道宽度进行设置。在设置单一非机动车道宽度时,要全面分析各类非机动车的总宽度、并行的横向安全距离和超出安全距离。综合分析城市以往的设计案例,非机动车道的宽度通常设置为 4 m、6 m 或 8 m。

3.确定人行道宽度

人行道发挥的主要作用为使行人步行的交通需求得到最大程度的满足,同时也要满足埋设地下管线、地上杆柱和植树的需求。在大中城市中,主干路和次干路的人行道宽度不能低于 6 m,在小城市中也要保持在 4 m 以上。结合我国多年的城市道路修建实践,在设计一侧人行道宽度时,道路路幅宽度与人行道宽度的比值要保持在 1∶7 左右。

4.确定分车带宽度与长度

在对车行道进行分隔时,需要设置分车带,分车带通常会设置在道路的中间位置,对两个不同方向的来车进行分隔。有时也会设置在非机动车道和机动车道的中间,对不同车道的行车进行分隔。

①道路设计的转弯半径与汽车的转弯半径存在着很大的差别,然而不同用途的道路弯道要满足相应的车辆转弯需求。

②内径主要是指道路的转弯半径。

③消防车的最小转弯半径与车辆自身有着直接的关系,消防车类型不同,其转弯半径也存在着很大的差别。消防车道的转弯半径要保持在 12 m 左右。

中央隔离带并没有严格意义的要求,水泥制中央隔离带的宽度设置为 1 m,主要指的是中央隔离带两侧白实线间的有效距离,假如设置了中央绿化隔离带,其宽度并没有进行统一的规定,可视具体情况而定。

5. 确定机动车道的数量

在对机动车道的数量进行确定时,要以城市道路等级和城市规模为依据。机动车道的车道条数通常会设置为偶数。如果机动车道的车道数比较多,车辆通行速度比较快,就要使用双黄线在道路中间设置隔离线,将其划分为双向交通,双黄线宽度中包含车行道的宽度。如果中间使用栏杆或者是分隔带来将其分开,需要将两侧的横向安全距离宽度包含在其中。有些道路交通量会有潮汐变化存在,不需要设置中间分隔带,车道数量设置为偶数和奇数都可以,每条车道上空的两面都要安装交通信号灯,早上高峰小时单向交通量比较大时,车道流量比较大的一侧绿灯通行时间可适当延长,使车辆的通行需求得到满足。下午高峰小时对向车流量比较大时,对交通信号灯进行变换,增加绿灯的车道数。从降低隧道成本投入和节省道路用地的角度分析,使用该变换行车方向的办法能够取得较好的效果。路段上尽量不要设置过多的机动车道,单向车道保持在 4条左右,行驶的车辆在变道时,十分麻烦,特别是在车流量比较大的路段,车辆变道易于造成交通混乱的问题。

交叉口车道的通行能力直接影响着路段车道的通行能力,如果路段的机动车道比较多,会很难发挥出应有的作用。国外在对旧路进行改造时,通常会依据交叉口进口车道的通行能力来对路段需要设置的车道数量进行推算,多余的车道被开发成为出租汽车站、公交站点或者是路边停车道。路段上设置的车道数量不宜过多,城市道路上行驶的公交车辆比较多,为了给乘客提供巨大的便利,将步行到车站的距离缩减到最短,需要对站点的密度和公交路线网进行加密处理,公交车辆能够在支路上和主干路上停靠与行驶。受道路上车道数量较少的影响,公交车行驶速度比较慢,导致整个路网的整体速度比较慢,因此,需要设置港湾式的公交停靠站来为乘客上下车提供便利,使得其他车辆的正常行驶得到保证。中小城市中的支路上行驶的机动车辆比较少,有时在同一幅车道上会有非机动车和机动车通行,将道路用地控制到最低,而对于公交停靠站来说,依然使用港湾式的。

随着车辆数量的不断增加,交通事故的发生频率也出现了不同程度的升高。所以,对于机动车驾驶人和非机动车驾驶人来说,都要遵循交通规则,严格按照车道的行驶要求来自觉行驶。如果没有单独设置非机动车道,车辆就要靠右侧通行,使交通事故的发生频率控制到最低。

6.明确非机动车道的宽度

在对非机动车道的宽度进行设置时,要以实际观测的数据和各种非机动车辆行驶的要求为依据,使用直接的横向排列组合来完成确定工作。

3.5 公交停靠站

最基础的公交设施就是公交停靠站,在城市所有的公交车辆运行道路上都会设置公交停靠站。公交停靠站在城市道路上只占一小段,仅是线路上的一个点,但是它会给路段的通行能力和公交车辆的运行速度带来重要的影响,同时也会给其他社会车辆的通行能力造成直接的影响。特别是在道路交通流量的高峰时期,公交车辆停靠会使公交停靠站所在路段出现严重的交通拥堵问题。

3.5.1 设置路外侧公交停靠站

路外侧公交停靠站主要是指顺着城市道路的机非分隔带或者人行道来对公交停靠站进行设置,其具体的形式分为两种类型,即港湾式和直线式。路外侧公交停靠站在路外侧是否设置公交专用道都不会产生巨大的影响,在对公交专用道进行设置时,如果条件允许,外侧车道能够直接作为公交专用道。

(1)直线式公交停靠站。

以往的公交停靠站都以直线式为主,即在机动车道上直接设置公交停车区。

(2)港湾式公交停靠站。

港湾式公交停靠站主要是指适当拓宽公交停靠站位置处的路面,在正常行驶的车道外设置公交车停靠站,在公交车停靠时,不会给交通造成不良影响,确保道路车辆的正常通行。在设置港湾式公交停靠站时,对道路条件具有较强的选择适应性,具体情况如下。

①利用人行道。通常情况下,机动车流量比较小,人行道宽度比较大,未设置机非分隔带,即便设置了机非分隔带,其宽度也比较窄,机动车道上的车流量非常大,如果路段不适合设置直线式公交停靠站,可以沿着人行横道来设置港湾式公交停靠站。机非分隔带很窄的路段可以设置隔离栏,如果非机动车与机动车流量饱和度保持在 0.6 以上,并且人行横道的宽度保持在 6.5 m 以上,受非机动车流量比较大的影响,公交车停靠会给非机动车造成巨大的干扰,在设置公交

停靠站时,可沿着人行道设置港湾式公交停靠站,该停靠站的宽度要保持在 4 m 以上。

②利用机非分隔带。当机非分隔带路段宽度保持在 4 m 以上时,在设置公交停靠站的过程中,沿着机非分隔带将公交停靠站设置为全港湾式。对于全港湾式公交停靠站来说,其设置形式比较完美,公交车停靠时不会出现交通拥堵的问题,也不会给其他交通造成严重的不良影响。该公交停靠站对机非分隔带宽度的要求非常高,在城市的中心城区或者是老城区很难实现。

3.5.2　设置路内侧公交停靠站

路内侧公交停靠站主要是指顺着中央分隔带,在城市道路各个方向内侧车道上设置公交专用道的时候,沿着公交车专用道对停靠站进行设置,防止在公交车进出路外侧停靠站时,频繁更换车道。英国等国家的交通法规中明确规定,所有车辆在道路上行驶时,要靠左侧行驶,故将公交车辆的乘客门设置在车身的左侧,所以在道路中央分隔带上设置内侧公交停靠站。我国相关的法律法规中要求车辆要靠右行驶,所以,不能在道路中央分隔带上设置路内侧公交停靠站。依据中央分隔带的宽度,路内侧公交停靠站主要包括两种形式,分别为无公交停车区和有公交停车区。

1. 无公交停车区

如果中央分隔带比较窄或者没有中央分隔带,公交停靠位置处的机动车道可以向着外侧进行一定程度的弯曲,通过对其他机动车道的挤压来获得公交停靠站的站台位置;如果中央分隔带的宽度比较窄,保持在 1~3 m 时,公交停靠位置的中央分隔带可进行一定程度的压缩,机动车道通过向内弯曲来规划出公交停靠站站台的位置。

对于无公交停车区的路内侧公交停靠站来说,不会有公交车辆的超车道存在,前一辆公交车停靠时,后面驶来的公交车要排队等候。所以,该公交停靠站适合在公交线路比较少的区域或者是在公交车辆比较稀疏的路段使用。

2. 有公交停车区

当中央分隔带宽度比较大时,可采取压缩中央分隔带的方式在公交停靠位置处设置公交停车区。公交车在进入公交停车区时,不会影响后续公交车的正常运行,因此在所有的路内侧公交停靠站中,该形式最为合理、科学,然而此设置

方式对中央分隔带宽度提出的要求非常高。中央分隔带的宽度有富余时,可在公交专用道一侧设置公交停靠站,不会再对其他机动车道进行挤压,在公交停靠位置处,公交专用道要避开公交停车区、停靠站,可能出现向中央分隔带一侧弯曲的问题。

3.5.3 设置交叉口公交停靠站

将公交停靠站设置在交叉口附近,特别是对于港湾式公交停靠站,比设置在路段更具优势。将公交停靠站设置在交叉口附近,公交车辆停靠时给后续车辆造成的影响会降到最小,为乘客换乘其他方向的车辆提供了巨大的便利。在对路内侧公交停靠站进行设置时,乘客离站和进站时,可借助交叉口的行人过街通道来实现快速进入或离开,将单独设置行人过街通道的环节省略掉。如果道路条件比较优越,最好将公交停靠站设置在交叉口附近。在设置路段公交停靠站和交叉口附近公交停靠站时,二者存在着巨大的差别。在交叉口附近设置公交停靠站时,需要与渠化一体化设计和交叉口建设理念协调发展,同时做好公交停靠站位置的选择工作。

3.6 公交专用道的规划设计

公交专用道主要是指在城市中的特定道路上,使用标线、标识画出一条或几条车道作为公交车专用道路。公交车道在全时段或者是特定时间内,社会车辆是不能通行和占用的,公交车却能在其他车道上畅通行驶。公交专用道的优势体现为惠民、环保、快捷和高效,能够最大限度地疏导交通压力,市民在出行时,也比较青睐于乘坐公交车出行。公交专用道使公交优先通行的权利得到保证,公交车的平均行驶速度要比社会车辆的平均行驶速度快很多,使乘坐公交出行的吸引力得到明显提升,社会车辆的使用率得到快速减少,促使社会可持续发展和低碳出行真正实现。

3.6.1 公交专用道设计理念

(1)以人为本。坚持以人为本的理念,优化升级公交专用道的设计理念与组织构架,显著提升交通通行的安全性和可靠性。

(2)公交优先。高效实现城市交通发展模式的设计目标,公交享有优先通行的特权,为城市交通的可持续发展奠定坚实的基础。

(3)整合资源。对现有道路资源的潜力进行深度挖掘,以交通需求和公平性为依托,科学、合理地分配道路空间资源。积极改造道路设施,使道路资源发挥出积极作用,显著提升道路使用的性能。

(4)协调用地。对专用道设置工作进行积极协调,沿线用地开发与交通组织也要协调发展,使用地与交通真正实现良性发展。

(5)和谐环境。积极打造环境空间,使其实现人性化和景观化设计。

3.6.2　公交专用道的设置条件

(1)公交专用道设计。在设计公交专用道时,至少要达到双向四车道的标准。学习和借鉴其他城市的建设经验,如果条件允许,公交专用道要设置为双向六车道以上的标准。

(2)路段客流量。公交优先不能简单将其认定为"公交车优先",主要是指乘坐公交车出现的乘客优先。因此,在对公交车专用道进行设计时,需要对客流量比较大的路段进行优先考虑。

(3)公交车行驶速度。当城市机动车的平均行车速度超过公交车的平均行车速度时,就要设置公交专用道。

(4)发展趋势。随着城市发展速度的不断变快,公交专用道的建设速度也随之加快。有些路段的客流量不断增加以后,增设公交专用道的需求也会随之出现。

3.6.3　设置公交专用道的常见问题

从道路使用性能和道路运行需求的角度分析,在增设公交专用道以后,原有车道功能混乱和车辆通行拥堵的问题得到高效改变。设置公交专用道优化升级了道路车道的功能,重新分配了道路空间资源,为非机动车、行人、社会车辆、出租车和公共汽车等提供了更加便利的出行条件。在设置公交专用道以后,使用其他方式出行人员的权益会受到不同程度的影响,所以,要从多个层面、多个角度来开展公交专用道设置工作,使各个方面的利益得到较好的协调,使公共交通与其他交通之间实现和谐、有序发展,不仅使"公交优先"的理念得以实现,同时也要积极体现社会公平。

1. 公交专用道设置形式

公交专用道主要包括两种形式,分别是路侧式和路中式。路侧式公交专用道对现有公交车站进行了充分的使用,以港湾式公交停靠站为主,乘客在上车或者是下车时,不会给机动车交通造成任何干扰,保证了乘客的人身安全,乘客可以在人行道上等车,但公交受横向干扰非常明显,运行受阻,交叉路口附近会出现右转机动车占道的问题,给公交车通行造成了严重的干扰。在具备良好隔离设施的道路上,积极开展出口与入口的限制工作,可使路侧式公交专用道发挥出最佳的效果。路中式公交专用道的横向干扰非常少,运行速度也比较快,使公共运营的效率发生了根本性的改变,同时给乘客换乘提供了巨大的便利,然而路中式公交专用道压缩了其他机动车通行的空间,站台设施的占地面积比较大,在缺少高效管制的情况下,会给交通秩序造成不同程度的干扰,潜藏着巨大的安全隐患。在空间比较宽敞的道路和特大运力的公交干线上比较适合使用路中式公交专用道,人行道与机动车道之间设置护栏,沿线路段设置的路口比较少。而路侧式公交专用道的施工工期比较短,投资成本也比较少,因此得到了普遍的应用。

2. 使用路侧式公交专用道来设置交叉口进口车道公交专用道

使用路侧式公交专用道来设置交叉口进口车道公交专用道,关键在于如何高效处理交叉口处的右转车道与公交车道的关系,结合交叉口空间资源情况和右转车道交通量,将其划分为以下三种情况。

①右转车道外侧设置公交专用道。该方案的优势为公交车道的连续性得到了保证,社会车辆与交叉口渠化段公交车不会出现交织的情况,公交车右转、直行都能够使用该专用道,使专用道的使用效率发生了明显的改变;缺点为在设计交叉口信号灯相位时,如果结合直行信号来对右转相位进行设置,公交车就会与右转车辆发生冲突,使交叉口的通行效率受到严重的影响。此方案在右转车流量不大的情况下比较适用。

②在右转车道内侧设置公交专用道。该方案的优势为能够同步设置直行信号与右转信号;缺点为公交专用道与右转车道存在交织的情况,对道路交织段的长度有明确的要求,通常情况下,道路交织段的长度要保持在 40 m 左右,右转车流量比较大的交叉口使用该方案最合适。

③合并设置右转车道与公交专用道。道路上右转车辆比较少的交叉口适合使用该方案,限制了道路交叉口的空间资源,对交叉口进口车道的情况无法进行

有效的增加。

3.设置公交专用道路面

如今国内很多道路都使用了彩色路面,彩色路面不仅起到了较好的装饰作用,还会时刻提醒驾驶人员,使行人和行车的安全得到了保证。我国很多大城市都已经使用了彩色路面来对公交专用道进行装饰,国内彩色路面材料主要分为四种:①彩色沥青混合料;②乳化彩色沥青稀浆封层;③彩色水泥灌浆沥青混合料;④彩色路面防滑涂料。比较上述四种彩色路面材料后发现,彩色路面防滑涂料的防滑性能最强,与传统标线进行比较,在欧洲等国家,彩色路面防滑涂料的使用范围非常广。经过大量的对比以后发现,使用彩色路面防滑涂料可最大限度地疏导交通堵塞问题,并对道路交通事故的发生起到了较好的控制和预防作用。使用彩色路面防滑涂料以后,驾驶员会依据路面的不同颜色分区,在规定的道路上行驶,避免不同车辆混行的问题。

4.公交专用道监控措施

公交专用道电子监控系统遵循的主要原则为近远期兼顾、时空分布均衡、覆盖面广、流动监测、突出重点等。结合社会车辆占用公交专用道的情况来客观分析其给公交车辆运行造成的影响,对从公交专用道上通行的公交车按照一定的比例来开展车载视频监控系统安装工作,使用流动监测的方式对公交专用道进行监测。综合分析公交线路以后,按照一定的比例,将车载视频监控子系统安装到既定的公交线路上。公交车上安装的监控摄像头将实时获得的道路信息传输到车载视频监控子系统中,实现了对交通违法车辆信息的高效获取。

在设置公交专用道时,以道路设施改造为依托,科学分配道路空间资源,并优化升级道路交通组织,使道路运行的总体效率得到显著提升。设计公交专用道的主要目的就是对公交服务水平进行改善,使道路真正实现畅通无阻,确保慢行交通、其他社会车辆和公共交通都能够取得快速的发展。

3.7　中央分隔带

随着汽车保有量的激增以及车辆性能的稳步提升,交通参与者对作为城市道路主要交通设施的中央分隔带也寄予了更高的期望。中央分隔带不仅要具有隔离双向交通、减少对向交通干扰的一般功能,还应具有埋设通信管道、安装防

眩设施、保护行人过街、为设置路灯及标志标牌提供空间、为市政施工提供作业场所等功能。作为城市道路的一部分,中央分隔带的设计更要从安全和通畅的角度考虑,与路段交通组织及交通管理控制方案相配合。

3.7.1 中央分隔带的类型

中央分隔带起着平衡通畅性与通达性的作用。目前中央分隔带可分为可穿越式中央分隔带和不可穿越式中央分隔带两种类型。

1. 可穿越式中央分隔带

可穿越式中央分隔带不能有效隔离对向车辆,即使交通法规禁止,也不能有效阻止车辆穿越、左转。可穿越式中央分隔带主要有 4 种类型。

(1)有实体抬高的中央分隔带,即中央分隔带有一定程度的实体抬高,辅以斜坡式边角处理,城市道路近郊路段使用较多。

(2)交通标线,主要是双黄线及其改进型,包括震荡双黄线、辅以可倒伏式立柱的双黄线等。双黄线为禁止标线的一种,即在道路中间画两条规定宽度的黄色隔离线,表示严格禁止车辆跨线超车或压线行驶。这种设置方式在城市道路上比较常见。

(3)连续双向左转车道分隔带,即在道路中间设置 1 条车道,作为两侧左转车辆的辅助车道,而直行和右转的车辆不允许进入。这种中央分隔带形式最早出现在美国密歇根州,目前在我国还没有得到应用。

(4)浅碟式绿化带,该种设计兼具自然排水沟功能,为远期道路拓宽预留一定空间,但由于占地较多而在国内使用有限。

2. 不可穿越式中央分隔带

不可穿越式中央分隔带是有实体隔离物将对向车流隔离开来的分隔带形式。国外相关研究表明:有此类分隔带的主干道比没有分隔带的道路安全性提高 $25\% \sim 30\%$。不可穿越式中央分隔带主要有 2 种类型。

(1)护栏式中央分隔带,即在双黄线上设置护栏进行硬隔离,在我国使用较多,国外较为少见。

(2)绿化带式中央分隔带,即通过设置一定宽度的绿化带,起到隔离对向车流的作用。该类中央分隔带对用地有较高要求,故而主要应用在高等级道路或景观道路上。

3.7.2　中央分隔带的宽度

中央分隔带的最小宽度为 1.5 m,这个宽度满足绿化种植和行人过街驻足的要求,但是对于非机动车道的二次过街停留则需要至少 2.0 m。因此,建议一般中央分隔带设计的最小宽度采用 2.0 m。

宽度为 2.0 m 的中央分隔带在交通功能上比较单一,只能发挥分隔对向机动车和行人过街安全岛的作用。对于需要利用中央分隔带在交叉口处开辟左转进口车道的道路,中央分隔带的宽度应达到 4.75 m,按基本路段 2 个 3.5 m 车道,交叉口进口车道展宽为 3 个 3.25 m 车道考虑。对于需要利用中央分隔带在路段中掉头的道路,中央分隔带的宽度应达到 8.0 m,按掉头进出 2 个 3.5 m 车道,中间 1.0 m 分隔带考虑。对于需要利用中央分隔带设置高架桥或轻轨的道路,中央分隔带的宽度按桥墩宽度加安全带宽度确定。

3.7.3　中央分隔带的高度

中央分隔带立缘石出露的规范高度为 0.15～0.20 m。考虑到绿化种植对种植土深度的要求,立缘石出露的高度一般采用 0.20 m,尽量给植物提供生长空间。若为绿化种植考虑,需要采用更高的立缘石,则应按道路限界要求设置足够的安全带高度。

3.7.4　中央分隔带的绿化

对于中央分隔带上的植物配置,应先保证交通安全和交通效率,再在此前提下考虑景观的需要。中央分隔带上的植物配置应形式简洁,树形整齐,排列一致。乔木树干中心至立缘石外侧距离不宜小于 0.75 m。灌木外侧枝干、乔木树冠底部至地面 3.5 m 以内的枝干距立缘石外侧应不小于 0.25 m,以免树枝侵入道路限界,影响行车安全。若需要利用植物防眩,则配置植物的树冠应常年枝叶茂密,其株距不得大于冠幅的 5 倍。

在人行横道及交叉口前后一定距离内应采取通透式植物配置,留出足够的安全视野。一般宽度的中央分隔带上仅种灌木及草坪或枝下高度较高的乔木,配以灌木、草花、草坪,既不碍视线,又增添景色。较宽中央分隔带上的植物配置可以采取更多形式,充分利用植物的形态、色彩、质地等特点,考虑植物体在时间和空间上的变化,将乔、灌、花、草合理搭配,或孤植或丛植,形成四季有景、富于

变化,突现中央分隔带的绿化景观效果。

3.7.5 中央分隔带的开口

中央分隔带应与人行横道对应设置开口,方便市民出行。人行横道一般设置在道路交叉口处,在较长的路段内也会有设置,间距为 250~300 m。中央分隔带开口位置与数量应与行人交通规划设计相衔接,开口宽度与人行横道宽度一致。

3.8 行道绿化带及路侧绿化带

道路绿化是城市的重要组成部分,为了使道路更好地发挥绿化功能,利于行车安全,有必要统一技术,以适应现代化建设的需要。城市道路绿化主要功能是庇荫、滤尘、减弱噪声、改善道路沿线的环境质量和美化城市。以乔木为主,以灌木、地被植物为辅的道路绿化,防护效果最佳,地面覆盖最好,景观层次丰富,能更好地发挥其功能作用。

3.8.1 道路绿化的要求

行车视线要求:在道路交叉口视距三角形范围内和弯道内侧的规定范围内种植的树木,不能影响驾驶员的视线,保证行车视距;在弯道外侧的树木沿边缘整齐、连续栽植,预告道路线形变化,诱导驾驶员行车视线。

行车净空要求:道路设计规定,在各种道路的一定宽度和高度范围内为车行空间,树木不得进入该空间,具体范围应根据交通设计部门提供的数据确定。城市道路用地空间有限,在该空间内除了安排机动车道、非机动车道和人行道等必不可少的交通用地,还需要安排许多市政公用设施,如地上架空线和地下各种管道、电缆等。道路绿化也需要安排在这个空间里,绿化树木生长需要有一定的地上、地下空间,如得不到满足,树木就不能正常生长发育,直接影响其形态和道路绿化功能的发挥。因此,应统一规划,合理安排道路绿化与交通、市政等设施的空间位置,使其各得其所,减少矛盾。

适地适树是指绿化要根据地区气候、栽植地的小气候和地下环境条件,选择适于在该地生长的树木,以利于树木的正常生长发育,抗御自然灾害,保持较稳定的绿化成果。

植物伴生是自然界中乔木、灌木、地被等多种植物相伴生长在一起的现象，形成植物群落景观。伴生植物生长分布的相互位置与各自的生态习性相适应。

地上部分，植物树冠、茎叶分布的空间与光照、空气温度、湿度要求相一致，各得其所；地下部分植物根系分布对土壤中营养物质的吸收互不影响。道路绿化为了使有限的绿地发挥最大的生态效益，可以进行人工植物群落配置，形成多层次植物景观，但要符合植物伴生的生态习性要求。道路绿化从建设开始到形成较好的绿化效果需要几年的时间。因此，道路绿化规划设计要有长远的眼光，绿化树木不应经常更换、移植。同时，道路绿化建设的近期效果也应重视，使其尽快发挥功能作用。这就要求道路绿化近远期结合，互不影响。

3.8.2 道路绿化规划

在规划道路红线宽度时，应同时确定道路绿地率。道路绿地率应符合下列规定。

①园林景观道路绿地率不得小于 40%。

②红线宽度大于 50 m 的道路，绿地率不得小于 30%。

③红线宽度在 40~50 m 的道路，绿地率不得小于 25%。

④红线宽度小于 40 m 的道路，绿地率不得小于 20%。

道路绿地布局与景观规划一般遵循以下原则。

①种植乔木分车绿带宽度不得小于 1.5 m，主干道上的分车绿带宽度不宜小于 2.5 m，行道树绿带宽度不得小于 1.5 m。

②主、次干路中间分车绿带和交通绿地不得布置成开放式绿地。

③路侧绿带宜与相邻的道路红线外侧其他绿地相结合。

④人行道毗邻商业建筑的路段，路侧绿带可与行道树绿带合并。

⑤道路两侧环境条件差异较大时，宜将路侧绿带集中布置在条件较好的一侧。

3.8.3 道路绿化景观规划应该符合的规定

在城市绿地系统规划中，应确定园林景观道路与主干道的绿化景观特色。同一道路的绿化宜有统一的景观风格；不同路段的绿化形式可有所变化。同一路段上的各类绿带，在植物配置上应相互配合，且空间层次、树形组合、色彩搭配和变化关系应相协调。

道路绿化应该选择适应道路环境条件、生长稳定、观赏价值高和环境效益好的植物种类。寒冷积雪地区的城市,分车绿带、行道树绿带种植的乔木,应该选择落叶树种。行道树应选择深根性,分枝点高,冠大荫浓,生长健壮,适应城市道路环境条件,且落果对行人不会造成危害的树种。花灌木应选择枝繁叶茂,花期长,生长健壮和便于管理的树种。绿篱植物应该选择茎叶茂密,生长势强,枝繁叶密,耐修剪的树种。地被植物应该选择茎叶茂密,生长势强,病虫害少和易于管理的木本或草本观叶、观花植物。其中地被植物尚应选择萌蘖力强,覆盖率高,耐修剪和绿色期长的品种。

3.8.4　道路绿化带设计

1.分车绿带设计

分车绿带的植物配置应形式简洁,树形整齐,排列一致。乔木树干中心至机动车道路缘石外侧距离不宜小于 0.75 m。中间分车绿带应阻挡相向行驶车内的眩光,在距相邻机动车道路面高度 0.6～1.5 m 时,配置植物的树冠应常年枝叶茂密,其株距不得大于冠幅的 5 倍。两侧分车绿带宽度大于或等于 1.5 m 的,应以种植乔木为主,并宜与灌木、地被植物相结合,两侧乔木树冠不宜在机动车道上方搭接。被人行横道或道路出入口断开的分车绿带,其端部应采取通透式配置。

2.行道树绿带设计

行道树绿带种植应该以行道树为主,并宜乔木、灌木、地被植物相结合,形成连续的绿带。在行人多的路段,行道树绿带不能连续种植时,行道树之间宜用透气性路面铺装。树池上宜覆盖池算子。行道树定植株距,应以其树种壮年期冠幅为准备,最小种植株距应为 4 m。行道树树干中心至路缘石外侧最小距离宜为 0.75 m。行道树苗木的胸径:快长树不得小于 5 cm;慢长树不宜小于 8 cm。在道路交叉视距三角形范围内,行道树绿带应采用通透式配置。

3.路侧绿带设计

路侧绿带应该根据相邻用地性质、防护和景观要求进行设计,并应该保持在路段内连续与完整的景观效果。路侧绿带宽度大于 8 m 时,可设计成开放式绿地。开放式绿地中,绿化用地面积不得小于该绿带总面积的 70%。路侧绿带与毗邻的其他绿地一起辟为街旁游园时,其设计应该符合现行行业标准《公园设计规范》(GB 51192—2016)的规定。

3.8.5 道路绿化中的植物选择

1. 乔木的选择

乔木在街道绿化中,主要作为行道树,作用主要是夏季为行人遮阴、美化街景,因此选择品种时主要从下面几方面着手:株形整齐,观赏价值较高(或花型、叶型、果实奇特,或花色鲜艳,或花期长),最好叶秋季变色,冬季可观树形、赏枝干;生命力强健,病虫害少,便于管理,管理费用低,花、果、枝叶无不良气味;树木发芽早、落叶晚,适合本地区正常生长,晚秋落叶期在短时间内树叶即能落光,便于集中清扫;行道树树冠整齐,分枝点足够高,主枝伸张角度与地面不小于30°,叶片紧密,有浓荫;繁殖容易,移植后易于成活和恢复生长,适宜大树移植;有一定耐污染、抗烟尘的能力;树木寿命较长,生长速度不太缓慢。

2. 灌木的选择

灌木多应用于分车带或人行道绿带(车行道的边缘与建筑红线之间的绿化带),可遮挡视线、减弱噪声等,选择时应注意以下几个方面:枝叶丰满、株形完美,花期长,花多而显露,防止萌蘖枝过长妨碍交通;植株无刺或少刺,叶色有变,耐修剪,在一定年限内人工修剪可控制它的树形和树高;繁殖容易,易于管理,能耐灰尘和路面辐射。应用较多的有大叶黄杨、金叶女贞、紫叶小檗、月季、丁香、紫荆、连翘、榆叶梅等。

3. 地被植物的选择

目前,北方大多数城市主要选择冷季型草坪作为地被植物,根据气候、温度、湿度、土壤等条件选择适宜的草种是至关重要的。另外,多种低矮花灌木均可作地被应用,如棣棠等。

4. 草本花卉的选择

一般陆地花卉以宿根花卉为主,与乔、灌、草巧妙搭配,合理配置,一、二年生草本花卉只在重点部位点缀,不宜多用。

3.9 地下管线对城市道路横断面的影响

地下管线作为城市基础设施的重要组成部分,是城市生存和发展的基础,被称为城市的生命线。近年来,城市地下管线混乱、管理水平低的问题日益突出,城市道路建设中的"拉链"现象日益严重,盲目设计和施工造成的地下管线事故时有发生,严重影响人民生命财产安全和城市运行秩序。随着城市建设的快速发展,市政管线的建设需求越来越大,管线也逐渐从架空线路转为地下管线,导致地下线路数量急剧增加,大量管线埋在有限的空间内,容易发生冲突和危险,因此,需要完善管线的综合规划,以指导市政管线的建设和管理。本节对城市地下管线综合规划编制进行了探讨和研究。

3.9.1 管线综合规划的依据

1.详细的管线勘测是管线综合规划的必要条件

科学的管线综合规划需要基于详细的管线调查数据来进行。在管线综合规划中,根据现有管线数据确定预留或拆除的管线是非常必要的,现有管线也是管线横断面设计的参考依据。如果不充分了解现有的管线数据,就不可能明确总体规划建设状况与管线综合规划的关系,也不可能找出影响和制约管线综合规划平面设计的因素,导致设计结果与现实脱节,最终结果无法使用。在规划准备阶段,要尽可能掌握现有管线信息,为编制管线综合规划奠定坚实的基础。

2.市政专项规划对管线综合规划编制的指导意见

市政专项规划是在城市总体规划的基础上对市政设施和管线进行合理的布置和规划。市政专项规划是确定市政设施规模和管线规格的依据。在进行管线综合规划之前,应仔细分析和研究每个市政专项规划。各项市政专项规划为科学编制综合管线规划提供了坚实的支撑。管线综合规划应充分考虑市政专项规划的变化和新情况。以管线综合规划为例:在与相关专项规划实施单位对接后,结合相关管线布局的新形势,对管线综合规划和专项规划中的供水专项规划、排水专项规划、供热专项规划、燃气专项规划,对地下空间利用规划的专项规划和规划的相关内容(主要涉及地下管线的内容)进行了统筹和完善,使管线综合规划更符合实际要求。

3.9.2　控制性详细规划与管线综合规划的关系

1.控制性详细规划中的指标

控制性详细规划中的建筑密度、容积率、人口规模等指标是确定城市市政管线设施位置和规模的依据,也是保证管线综合规划科学性的必要条件。控制性详细规划指标可以验证市政主干线是否满足城市发展的需要,通过制定管线综合规划,可以使各种管线规格的确定更加科学合理。

2.控制性详细规划路网

管线综合规划中的管线横断面设计以各区控制性详细规划确定的主干道、次主干道和支路横断面设计为基础。例如,在地下管线的综合规划中,根据已完成的控制性详细规划,对道路系统进行了相关调整和改进,为管线的布局奠定了坚实的基础。道路下工程管线的规划位置应相对固定,并结合现有道路的管线布置顺序和方向,管线综合规划中的管线布置原则如下。

(1)供水管线敷设在东西向道路南侧,南北向道路东侧;当道路红线超过50 m时,供水管线应布置在两侧。

(2)中间输水管线敷设在东西向道路北侧靠近绿化带处,方便向绿化带供水,位于南北向道路西侧;中间水管线和供水管线布置在对侧,以防止供水管线和中间水管线误接,造成安全事故。

(3)污水管线敷设在东西向道路南侧、南北向道路东侧;当道路红线超过40 m时,应在两侧设置污水管线;当红线外有绿化带时,污水管线应布置在外侧,以方便支线的进出。如果道路敷设有综合管廊,则污水管布置在综合管廊外和道路两侧。污水管应置于雨水管外,以减少污水管与雨水管的交叉次数。

(4)雨水管线应铺设在道路中心。当道路红线超过 40 m 时,应在两侧设置雨水管线;当机动车道和非机动车道之间有绿色隔离带时,雨水管线可与布局两侧的绿色隔离带相结合;如果在道路上铺设综合管廊,雨水干管应布置在综合管廊的对面。

(5)天然气管线敷设在东西向道路的西侧,南北向道路的北侧,因此天然气和电力管线布置在对侧,以减少风险。

(6)供暖管线东西向敷设在道路南侧,南北向敷设在道路东侧。充分考虑供

热管线不位于绿化带下方,与电力管线相邻,防止供热管线对厂房和电力电缆的影响。

(7)电力线路(管道)敷设在东西向道路南侧和南北向道路东侧。

(8)通信线路(管道)敷设在东西向道路北侧和南北向道路西侧。

(9)综合管廊敷设在东西向道路南侧,南北向道路东侧。综合管廊应尽可能敷设在路面和绿化带下方,以便于设置综合管廊的出料口、出风口等。目前,有三个典型的城市道路横断面(24 m、40 m 和 60 m 宽)。

3. 控制性详细规划竖向标高

管线综合规划中的管道标高根据控制性详细规划中的垂直标高确定。在确定重力管道(雨水和污水管道)的标高时,应将设计与排水分区相结合。调整雨水管和污水管的标高,确保它们不会碰撞,然后设计压力管的标高。基本原则如下:当工程管道的垂直位置相互矛盾时,宜根据压力管道制作重力流管道;可弯曲的管道,使其难以弯曲;支线让干线;让小直径管道处理大直径管道。

结合已建道路上管道埋深及规范要求,一般地段管道自上而下依次为动力管(沟)、通信管(沟)、供水管、燃气管、热力管、雨水管、污水管。

3.9.3 城市道路和交通流量大、地下管线密集的新城区应考虑综合管廊

综合管廊是一种现代化、集约化的城市基础设施,即在同一地下人工空间中设置两种以上的城市管道。综合管廊的建设对城市道路和交通的干扰较小,在经济和功能上具有合理性。目前,我国大部分城市都在积极规划建设综合管廊。

1. 综合管廊建设必要性分析

(1)土地集约利用和工程管线集约建设的需要。

城市土地资源十分宝贵。根据建设节约型社会的要求,土地必须集约利用。为满足中心城市高起点建设标准,110 kV 和 220 kV 高压电缆及综合管廊的统一规划经济合理,满足集约化建设的要求。

(2)满足土地开发和管道需求的不确定性。

总体规划中的大多数现场开发项目尚未实施,市政管道的需求存在许多不确定性。如果采用管道分散投资模式,管道单位的施工计划无法统一协调,导致施工顺序不同,道路重复开挖。如果在强度更高、对市政基础设施要求更高、道

路开挖对交通影响更大的地区开发管道,根据长期规划,设计综合管廊可以大大减少道路重复开挖的次数。

(3)满足道路管线位置改造的需要。

老路红线狭窄,一旦实施道路改造,在满足原有管道布局的前提下,雨污分流改造需要按照规划实施,增加水管、电力电缆改造、通信电缆改造等项目,在道路两侧拆迁困难的情况下,道路宽度难以满足新的管线走向,实施综合管廊可以大大节省道路的地下空间,在满足管线走向规划的前提下,可以预留备用路线,同时避免再次开挖道路。

(4)管道运行维护方便,提高管道运行的安全性。

综合管廊内的管道不应与土壤和地下水直接接触,以避免土壤的腐蚀,延长管道的使用寿命。综合管廊内的管道布置可以避免管道开挖过程中对管道的破坏,使管道运行更加安全。

(5)大大提高城市的抗灾能力。

与直埋管道相比,综合管廊具有较强的抵抗自然灾害和人为破坏的能力。综合管廊采用钢筋混凝土结构,具有良好的防水和抗震性能。这对提高市政管道的抗灾能力、减少灾害的影响具有重要意义。例如,在日本阪神地震中,由于铺设了大量综合管廊,市政管道受损轻微并在 12 h 内恢复正常,从而减少了自然灾害对市政设施的破坏。

2. 综合管廊施工中存在的主要问题

(1)综合管廊初期投资大,分期建设不方便。

(2)综合管廊的定价政策模糊、不确定,管理成本高,难以协调管道所有权单位承担的费用。

(3)为了保证管道运行的安全,综合管廊需要各种智能监控设备,对管理水平提出了更高的要求。

(4)为了合理建设综合管廊,需要对未来人口规模、功能和发展程度进行预测,预测的准确性难以掌握。预测结果对综合管廊的规格有很大影响:如果预测值太大,那就是浪费资源;如果预测值太小,则需要直接埋管,这削弱了综合管廊建设的意义。

(5)管道所有权单位的不同,使得管道建设和管理的统一和协调更加困难。

地下管线综合规划是地下管线统一规划和管理的基础,可以加快城市管网设施建设,完善地下管网系统,促进区域经济发展,提高城市管理的整体水平。

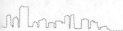

管线的综合设计应基于详细的管线调查数据和专项规划。控制性详细规划中的指标是确定市政设施规模和管径的依据，路网是管线布置的依据，竖向标高是确定管道标高的依据。因此，完善的控制性详细规划至关重要。在管线综合规划中，管线布局应与已建道路的管线布局顺序和方向相结合，以防止设计结果与实际脱节，使最终结果无法使用。为避免重复开挖道路，在道路施工前，应与相关单位密切联系，按照相关规划要求进行管线敷设，使道路施工与管线敷设同步进行。

3.10　人行天桥及过街地道

人行天桥和过街地道是现代城市中帮助行人过马路的一种建筑。人行天桥和过街地道的建设可以使行人过马路与道路上的车辆实现完全分离，保证交通畅通和行人安全。最常见的人行天桥是跨越街道或道路的，也有跨越铁路、轻轨的。

一种观点认为，城市应该以人为本，机动车因其人力消耗不高的固有特点而应给行人让路，尽量先满足行人的要求，所以地面应该留给行人，机动车在空中或地下。人行天桥是与此观点相悖的。

另一种观点认为，人是城市中机动性最高的元素，机动车在垂直维度上的运动非常不方便。为解决城市交通问题，应尽可能地给机动车有限的地面道路。人们可以在空中或地下移动而不干扰机动车。基于这一观点，我们应该将城市建筑与地铁站相结合，大力建设人行天桥和过街地道。当在空中或地下直接连接大量行人通道时，可以形成与地面车辆平行的第二城市步行系统，行人甚至不需要在地面行走。

第4章　市政公用设施设计

4.1　市政公用设施系统的完善

4.1.1　健全科学的法人治理结构

科学的法人治理结构是企业有效运作的核心。国有投资公司应按照现代企业制度的要求来设置整个公司的组织架构,包括股东大会、董事会、监事会和经理层,并按国际惯例进行运作。

1. 股东大会——权力机构

股东大会是公司的最高权力机构,它由全体股东组成,对公司重大事项进行决策,有权选任和解除董事,并对公司的经营管理有广泛的决定权。股东大会既是一种定期或临时举行的由全体股东出席的会议,又是一种非常设的由全体股东所组成的公司制企业的最高权力机构。它是股东作为企业财产的所有者,对企业行使财产管理权的组织。企业一切重大的人事任免和重大的经营决策一般都应经股东大会认可和批准方才有效。

2. 董事会——决策机构

根据《中华人民共和国公司法》及有关经验,董事会成员应由国有资产管理部门代表、公司总裁、财务总监、员工代表和社会专家等人员组成。其中,经营班子成员一般不超过董事总数的1/3。董事会内应设经营决策委员会、财务监督委员会和人力资源委员会三个专门委员会,分别负责审议提交董事会批准的有关议案。同时,董事会下设办公室和战略研究中心,作为常设办事、研究机构,具体负责董事会的日常事务和重大问题的决策研究工作。

3. 监事会——监督机构

监事会是由全体监事组成的、对公司业务活动及会计事务等进行监督的机

构。监事会也称公司监察委员会,是股份公司法定的必备监督机构,是在股东大会领导下,与董事会并列设置,对董事会和总经理行政管理系统行使监督的内部组织。

4. 经理层——执行机构

经理层负责公司的日常经营管理和行政事务,由董事会决定聘任或者解聘。经理层对董事会负责,可由董事和自然人股东充任,也可由非股东的职业经理人充任。经理层的工作机构分为综合管理部门、资本经营业务部门。综合管理部门包括总裁办公室、人力资源部、发展研究部、计划财务部、审计部、法律事务部等。资本经营业务部门包括资产经营部、投资管理部、金融证券部等。

4.1.2 政事分开,实现市政公用事业企业管理的去行政化

我国的市政公用事业长期以来一直实行的是政府垄断经营的方式,改革开放以来,我国开始推行政企分开、政事分开制度,努力构建现代企业制度,逐步实现企业管理的去行政化。虽然这一改革已经取得了很大的成效,但是市政公用事业企业管理过程中的行政化色彩依然存在,并突出表现在国有独资企业中。为此,应实行政事分开、政企分开、管养分开、官办分开的改革,引入市场竞争机制,实行特许经营制度。剥离城市公用事业单位的工程设计、施工、监理、设备生产供应、设施维修和养护等生产性、经营性和作业性部分的行政职能,使这部分转制为企业。同时,按照政事分开的原则,将政府部门与直接经营管理的市场公用企业彻底脱钩,组建民营、股份制等多种形式的公司,自主经营,纳入建设市场统一管理。实行公开招标和投标,平等参与作业市场竞争,走市场化和社会化的道路。

变事业单位为企业,有利于市政单位体制改革的深化,使其真正转变为市场经济的主体。打破行业和地域的垄断、引进竞争,直接的结果是提高了工作效率,增强了企业活力,有利于促进企业加强内部管理工作,强化成本核算,实行目标责任制,建立健全各项规章制度;促进企业的革新,积极应用新技术、新工艺,提高施工和养护等技术水平;加强岗位技术培训,加强文化教育,不断提高广大职工和管理干部的素质。

4.1.3　实行招投标制度,降低公司的管理成本

招投标是指在市场经济条件下进行大宗货物的买卖,工程建设项目的发包与承包,以及服务项目的采购与提供时,所采取的一种交易方式。招标和投标是一种商品交易行为,是交易过程的两个方面。招投标活动原则是公开、公平、公正和诚实信用。对于招投标制度,我国已于 2000 年正式实施了《中华人民共和国招投标法》,保证我国招投标制度有法可依。市政公用事业企业的部分服务可以进行招投标,招投标是实现市场化资源配置的重要手段,也是公司择优降耗,实现低成本、高效率生产的重要途径。以某公司为例,2019 年的绿化管护第二轮招标,公司在招标前对合同期限、标段划分、投标方式都做了认真的测算和分析。比如合同期限问题,期限太短,投标企业回收投入和取得效益的空间太小,会影响投标人的积极性;期限太长,又会因难以预料的价格因素而给后期合同执行埋下隐患。经过周密的测算,公司把合同期限定为 5 年。标段划分是反映合同量的关键问题,如标段划分太小,投标者摊销成本太大,会增高投标价格;标段划分太大,又会因为投标人数量少而影响充分竞争。基于这些分析,公司最后决定将标段由前一轮的 10 个调整为 8 个,既保证竞争的激烈,又为投标者提供了降低单价的空间。最后,通过严格的招标程序,第二轮招标在合同总量不变,而市场劳动力成本、原材料成本价格上涨的情况下,每年每平方米单价比第一轮降低了 1.1 元,总价降低了 200 万元,在 5 年合同期内,仅此一项业务就为国家节约了上千万元投资。

4.1.4　完善激励机制,提高员工的工作效率

国有独资的市政公用事业企业在筹建之初,员工的身份比较复杂,既有公务员、事业单位人员,也有旧体制下国有企业人员,还有社会招聘人员,因此如何完善激励机制,使所有员工的市场风险、竞争环境是统一和公平的,如何为"干多干少、干好干坏一个样"变成"干多干少、干好干坏不一样"创造条件,如何解决用人机制上的问题,对于国有独资企业来说就变得尤为重要。

公司激励的关键就是给予员工所需要的东西,因此首先需要了解员工的需求。美国心理学家马斯洛认为,人有五个基本需求,即生理需求、安全需求、社交需求、尊重需求和自我实现需求,五个基本需求是依次递进的关系,只有前一个需求得到满足,后一个需求才有实现的可能。另一位美国心理学家麦克利兰则

着重分析了人的高级需求,他认为人的高级需求有三种,即权力需求、合群需求和成就需求。这些探讨的是激励理论中的内激问题,激励理论中还有一个外激问题。

外激问题实际上是一个制度激励的问题。美国学者埃莉诺·奥斯特罗姆在其所著的《制度激励与可持续发展》中提出,制度蕴含着一定的激励因素,它们是"个人所能感觉到的在结果上的积极和消极变化。这种感觉很可能产生于以特定的物质和社会内容为背景并在一定制度范围内实施的特定行动"。这种制度性激励会与人们的其他动机结合在一起,对在一定制度框架下的人的行为产生强有力的激励作用。那些与制度激励结合的"动机"的其他类型如下。

(1)得到升迁、提高威信和获取个人权力的机会。

(2)对工作场所物质条件的要求,包括整洁安静的环境或一间私人办公室。

(3)本职工作的自豪感、为家庭和其他人所能提供的服务、爱国主义情结和宗教情感。

(4)社会关系的舒适与满意。

(5)与习惯行为和态度的一致性。

(6)重大事件的参与感。

4.2 市政雨污分流设计

随着城市规模的不断发展,原有的城市配套基础设施逐步暴露出一些短板。随着城市快速发展而来的将是城市基础功能逐步弱化,改造成本不断加大。近年来,各地屡次出现的城市内涝现象,对城市居民的出行及财产安全产生了不利影响,对市政部门的形象也造成了不良影响。如何对现有的城市排水基础设施进行改进,已经成为迫在眉睫的问题。这就要求城市规划设计工作者,立足城市现有排水管网的特点,在此基础上找到突破口,对城市的雨水分流与排水系统进行全方面的改良与完善。随着城市排水系统的不断完善和发展,雨污分流排水系统规划不再只是为了解决城市内涝问题,还是城市迈向"低碳、环保"的必要一步。对于城市雨污分流排水系统,应因地制宜、近远期结合,比选优化出与汇水区整体功能相匹配的方案。

4.2.1 城市内部排水系统存在的问题

城市内部排水系统主要存在以下问题。

（1）城市主城区内涝问题严重。

（2）城市主城区排水管网普及率、收集率低。

（3）城市主城区排水设施陈旧老化。

（4）城市内部河流水质污染严重。

4.2.2　城市主城区雨污分流规划设计思路

城市主城区雨污分流规划设计思路如下。

（1）减少污染物向自然水体的排放总量，加强主城区节能减排的效果，达到"低碳、环保"目标。

（2）通过方案比选及效果分析，进一步确定主城区采用的排水体制。

（3）通过新建或改造主城区排水管网及泵站，完善健全主城区排水系统功能。

（4）通过设立雨水调蓄池等技术手段，减轻污水处理厂纳水负担，实现水资源的可持续利用，提高环境质量。

（5）主城区雨污分流规划方案的探讨应当吸取外地城市在雨水处理、调蓄等方面采取的较新的思路和做法，力争形成一个较为先进、完善的雨污分流总体规划。

雨污分流规划过程中用到的计算公式如下。

雨水设计流量见式（4.1）

$$Q_s = \Psi q F \tag{4.1}$$

式中，Q_s 为雨水设计流量，L/s；Ψ 为综合径流系数；q 为设计暴雨强度，L/(s·hm²)；F 为汇水面积，hm²。当有允许排入雨水管道的生产废水排入雨水管道时，应将其水量计算在内。

设计暴雨强度可根据式（4.2）计算

$$q = \frac{167 A_1 (1 + C\lg P)}{(t + b)^n} \tag{4.2}$$

式中，q 为设计暴雨强度，L/(s·hm²)；P 为设计重现期，年；t 为降雨历时，min；A_1、C、b、n 为有关参数，根据统计方法计算确定。

4.2.3　城市排水系统发展趋势分析

城市排水系统的发展进程大致可分为以下三个阶段。

（1）早期阶段。早期的排水系统只是建造管渠工程，主要是为了控制水污染

所传播的疾病,但是管渠所收集的废水和雨水未经处理就直接排放到水体,逐渐导致城市河流等水体污染。

(2)点源治理阶段。20世纪60年代开始,西方国家经济的快速发展对环境造成的严重危害明显暴露出来。为了生存和发展,西方各国不得不投入大量财力铺设污水管道,建设污水处理厂、站,强化污水处理,提高污水的收集率和处理率,并对工业污水、污水处理厂尾水的排放做了严格控制。

(3)暴雨雨水管理阶段。暴雨雨水管理阶段又称"非点源治理阶段",主要分为源控制和下游控制两部分。源控制是在排水系统的上游各子流域内,让雨水就地渗入地下,或延长其排放时间,暂时储存。下游控制是在排水系统的中下游沿线适当地点,将雨水径流或雨污混合污水蓄于天然或人工的调节池、地下隧洞等,暴雨过后,被蓄存的混合污水靠重力或泵提升,经管渠送至污水处理厂处理后再排放。

4.3 市政水系生态修复工程设计

水是生命之源,自古人类的存在与发展就与水有着密不可分的联系,四大古代文明均诞生于河流附近。作为人类聚集地的城市也同样与水关系密切,多数古代的城市产生于河流附近,并在历史演化过程中,与河流的关系不断加深。

4.3.1 水系城市中河流的重要作用

1. 城市水系与城市

河流与城市关系密切,直接影响着城市的发展,"得水而兴,废水而衰"。古代城市中的天然水系承担着关系城市存在的实际功能,如取水、排水、航运等。此外,在水系城市的演化过程中,有相当一部分河道由人工开凿出来并赋予新的功能,如我国古城常见的环形护城河等。建立在这种实际功能之上的河流与城市的密切关系直接影响了城市布局及建设。在建构城市主轴线、滨水景观及城市肌理方面,水系城市都有不同于其他城市形态的特点。另外,河流与城市的深刻关系也对城市生态及城市文化有重要影响。

2. 我国城市水系现状

在我国近现代城市发展过程中,特别是中华人民共和国成立后,工业化进程使得我国城市体量和功能有了巨大变化。但是,中华人民共和国成立后的城市向工业化演化,加之我国北方气候持续干旱,我国城市水系的原有功能受到很大影响,某些功能甚至已经消失。水量的减少使水系失去了作为城市主要补水方式和运输手段的地位。专业的市政管网取代了河流的排污功能。军事技术的进步和城市体量的扩大也使护城河丧失了实际的城防功能。城市交通的不断发展与原有的水系城市肌理冲突不断。河流水系——这个曾经主导城市存在与兴衰的因素现在处于一种尴尬的地位,曾经引以为傲的城市水系在今天似乎成了城市发展的包袱。如何重新恢复与规划城市水系,改善城市生态质量和人居环境,成了一个令人关注的问题。

3. 恢复与重新规划城市水系的重要性

随着我国经济社会的快速发展和城市建设的大规模展开,建设生态型可持续发展城市已成为所有城市建设的共同目标。生态型城市的建设,需要有一个完善的水系统。全面规划城市水系,使其资源功能、环境功能、生态功能都得到完全的发挥;使水系统的功能性、安全性、舒适性都不断改善;形成优美的人居环境;恢复和发挥河流作为城市"水肺"的功能。人水和谐是人与自然关系的核心,是科学治水实践的更高境界,也是构建社会主义和谐社会的重要内容。

4.3.2　我国水系城市建设中的误区

近年来,城市水系环境发展和设计有了一定的进步,但还存在着很多误区,主要表现在以下几个方面。

1. 河城关系脱节

一些旧有的水系利用方式已经不符合时代要求,但仍广泛存在,新型的河流城市设计和建设仍相对滞后。有些城市的河流仅仅开发其航运职能,而另一些城市的河流则限于各种因素而不能改变其排污的现实。北方城市水量的减少使多数城市水系变成"死水",进而也丧失了为城市湖泊、生态湿地补水的功能。而过度的航运职能和排污职能的开发,会恶化周围生态环境,这与建设生态宜居和可持续发展城市的理念背道而驰。沿岸地带多为仓库、市场等一般城市用地,而从未发挥城市水系对周边生态及城市环境的带动作用,造成了城市水系生态资源的浪费,也无法满足居民"亲水"的要求。水系环境设计和建设常出现可称为"一层皮"式的误区,即片面强调滨水景观的设计而忽略城市腹地与城市水系的联系。

2. 人河关系疏远

河流原有的水源、航运功能与游玩环境的退化,以及新的生态设计与建设的落后,造成居民与河流之间关系的疏远,原有的城市水系文化逐渐衰落。由于城市居民无法亲近真正的生态河流景观,原有城市水系就会沦落成城市建设的附属品,甚至发展障碍。在有的城市,这些存在意义不大的水系会逐步失去特色,直至河流消失。

3. 两岸缺乏关联

由于行政关系、开发顺序、资金状况及其他因素,城市水系的改造开发往往有先后顺序。但很多城市缺乏整体上、宏观上的改造理念和方案,容易造成两岸水系环境的不协调或不同区段的滨水景观的差异,进而导致整个城市水系环境的差异与不和谐。这种现象在河流城市尤其明显。河流城市中的河流一般同时也是几个行政区域的分界线,两岸建设各自为政的现象较为普遍。

4. 河流生态退化

在我国水系城市中,特别是北方城市,河流生态退化十分严重。水体污染普遍,水质下降,与河流密切相关的湿地、植被、湖泊等也遭到严重破坏。这些都导致了河流与城市生态质量的下降,水生动植物的生存活动受到很大影响。而单纯的人工绿化则由于先天、生态的脆弱性而对河流环境贡献不大。这种水系环境和景观已经不能满足当代的生态理念和可持续发展的要求。

5. 河流特色缺乏

河流水系有自己的形态、特征和内容。过去的不合理建设导致了河流水系本身的生态环境的退化,如单纯的"裁弯取直"、千篇一律的滨水景观甚至填河建设。与河流相关的历史构筑物(如码头、古桥梁)在当代城市建设中遭到侵袭;赛舟、放河灯等传统活动在一些城市逐步消失,这些都直接影响了城市居民的"亲水"需要。

6. 水利设计与环境设计缺少协调

河流水系的存在对于城市本身而言是一笔财富,同时也对城市规划与建设提出了一定的要求。这些要求表现在城市水系的建设中,既有滨水景观的建设,如广场、住宅、绿地等;又有水利设施的建设,如桥梁、水坝等。由于各个专业关注的角度不同,如水利部门强调的防洪、交通规划部门考虑的航运和桥梁、城市设计部门注重的河流水系的景观利用,加之不同阶段和现实条件下的指导思想的变化,水系的专业设计总是长期处于孤立、松散的状态。

4.3.3 水系城市与河流互动的对策

1.恢复水系城市特有的城市肌理

水系城市因其历史原因和水系特征,有不同于其他城市的肌理特征。这些水系城市的街道随河而弯,景观隔河而变,河流与城市进行交融,彰显水系城市的特征。比较典型的有苏州老城区的"水、巷"双棋盘格局、武汉的"镇跨河"模式。近代的城市演化中,水系城市肌理逐渐弱化,城市河流的"裁弯取直""填河造城"等不合理改变,给水系主导的城市特色造成了严重的破坏。在当代的城市规划与建设中,要杜绝此类现象,严格保护古河道,恢复或再造水系城市肌理,特别是特殊的水系城市肌理,如护城河环状水系或滨湖景观等特色。

2.恢复城市水系的补水功能

通过合理的水源调配,利用南水北调的历史机遇,结合城市处理过的中水及雨水,综合地对城市水系进行水源补给,并在此基础上恢复城市水系对市域内多数湖泊、小型绿色生态湿地的补水,再现市区内丧失的活水湖泊。生命力恢复的活水系统将成为调节城市环境的"城市之肾"。

3.建设滨水景观"城市水核"

当代城市规划和建设中,水系的潜在价值在于其生态功能,对于改善城市环境有重要意义。这不仅是改变滨水区的景观环境,对整体建设生态可持续发展城市也有重大影响。可以说,水系是城市不可多得的财富。对于河流宽度不是很大的水系城市而言,可以尽量将多个城市滨水景观文化中心(即城市水核)跨河设置,建立两岸统一的、和谐的开敞空间。这样既可以创造市民休闲娱乐的空间,也可以结合水系创造特色景观绿化长廊,进而改善整个城市的生态环境。间隔的"水核"自身的辐射作用可以将水系文化辐射到周围环境,带动整个水系城市的河流文化和生态环境的改变。而公园、城市绿地、广场等也可邻近水系设

置,该区域建筑设计也应该与水系进行交流。

4.建设"水系生态绿色廊道"

水系城市中河流可以将城市中分散的城市绿地串联起来,配合滨水景观的建设,营造出城市特色"水系生态绿色廊道",改善城市面貌和市民生活环境。

4.4　市政工程设计到城市设计的转型

由于空间资源的限制,向"三维立体空间"发展正成为城市建设的新思路。三维立体的城市公共空间,有利于提高集约化容量和效能发挥,意味着联络与交流的多维化与多通道性,更意味着解决问题途径的多样化。

4.4.1　城市公共空间与"城市病"

1.城市公共空间

从广义而言,城市公共空间是指供城市居民日常生活和社会生活公共使用的室外空间,包括街道、广场、居住区户外场地、公园、体育场地等;从狭义而言,是指公共基础设施的用地空间,如城市中心区、商业区等。城市公共空间最能体现城市的魅力与文化。城市公共空间是把建筑与城市整体连接起来的桥梁。市政基础设施是城市公共空间中基本和重要的组成部分,市政设计的各项设施是公共空间不同侧面的具体体现。市政系统的三维立体化主要体现在立体交通、人车分流、地下空间、空中人行、地铁、管线综合、综合管沟、电力管沟、给水环路及多水源供水、排水深沟系统等方面。

2.城市建设

城市建设包括城市规划、市政设计与建筑设计三大方面。城市规划实现行政指导及宏观、战略的控制;市政设计实现城市公共空间的功能和物质基础设施;建筑设计实现建筑物在空间组合、外部形体等方面的细部设计。三者之间既有联系,又有区别。

(1)城市规划。

城市规划是一种空间地域的规划,研究对象是在"线"与"面"的层面,涉及城市的外观形式、性质、产业发展与布局、社会发展与设施、规模投资,以及城市各部分的组成、管理、政策等。目前,城市规划的理念正从关注实体空间的塑造转向社会经济发展;从物质形态空间向宏观层面、战略层面发展。

(2)市政设计。

市政设计是对城市公共空间功能的具体实现,即对各种公共交通设施(道路、桥隧)、地下管线、园林、绿化、路灯、城市防洪、环境卫生等城市基础设施进行的设计实现。市政设计在城市规划的指导下,进行公共空间功能的具体落实,对城市功能的实现起到巨大作用,但往往缺少空间形体艺术的体现与文化传承的结合。

(3)建筑设计。

建筑是组成城市的基本细胞和重要元素,也是城市的主要内容,精致而富有特色的建筑最能展示城市的艺术性。建筑设计主要满足室内空间实用、经济、美观的需求,并根据其功能确定建筑物的空间组合形式,同时在外部形体具有一定时代特性风格的前提下,与周围环境、城市历史文脉及城市控制性规划相协调。

3.“城市病”的由来

当前,我国城市普遍存在着公共空间不尽如人意的现象,主要体现在公共空间总量供给不足、体系不完善和整体质量不高等方面。在总量上,我国城市人均公共面积拥有量与发达国家相比存在较大差距。公共空间体系的不完善也导致了公共空间分布不均衡,服务半径小。造成这些“城市病”的主要原因有两个方面。

(1)城市规划的限制。

在城市的发展中,许多基础设施建设已经定型,使城市空间与形态的立体化开发受到限制。由注重平面功能的城市规划来调节建筑与城市公共空间的立体空间,往往是难以满足需求的。这就是当前“城市病”的主要成因之一。

(2)公共空间及市政基础设施是城市容量的限制因素。

根据设计流程,应先进行城市规划,再确定市政基础设施,而实际上是基础设施反过来限定了城市的容量,如空间容量、环境容量等。

总括而言,城市规划管理的是二维平面,而城市建筑及市政基础设施正在向三维立体空间设计发展,仅靠城市规划已难以协调建筑与市政设施之间的关系。如果城市规划与建筑设计、市政设计割裂,会引起城市空间设计的削弱和不协调,导致城市空间整体环境质量的下降。这是产生“城市病”的内在原因。

4.4.2　城市设计

随着人们对城市空间内涵认识的加深,国外提出了城市设计的概念。城市设计又称"都市设计"(urban design)。它研究的是城市三维物质空间形态"从窗口向外看到的一切东西",是一种关注城市规划布局、城市面貌、城镇功能,尤其关注城市公共空间的一门学科。

城市设计研究的领域比建筑设计、城市规划和市政设计更为广泛。其中,建筑设计更为具体和物质化;城市规划更为宏观化和政策化;市政设计更为基础化,并具有联系性和公共性;而城市设计则更为环境化、功能化和系统化。

相对于城市规划而言,城市设计不需要在互相冲突的城市机能之间决定城市内各分区的土地使用问题,城市设计专业者较少涉入城市政策制定的过程。但两者都需要面对相当广泛的社会、文化、实质空间规划设计议题,差别主要在对象、尺度、程度等方面。

与市政设计相比,城市设计具有更广阔、更丰富的内涵,包含了对人的活动的研究与考虑,以及空间形体艺术、历史文化传承等内容。城市设计在宏观方面指导市政设计,市政设计是微观层面的、局部内容的落实。

与建筑设计相比,城市设计处理的空间与时间尺度更大。城市设计处理的空间范围包括街区、社区、邻里,乃至于整个城市;实现时程多半设定在 15～20 年。城市设计所面对的变量也比建筑设计要多。城市设计的工作范围一般涉及都市交通系统、邻里认同、开放空间与行人空间组织等,需要顾及的因素还包含城市气候、社会等。另外,城市设计方案与实现成果之间充满着高度的不确定性,而建筑设计的确定性相对稳定。

第 5 章　市政道路投资项目的经济分析

5.1　市政道路的界定

市政道路类型在进行划分时以国家规定来进行操作。下面简单阐述市政道路划分标准。道路是为各类车辆、行人等日常通行所提供的配套设施。道路的种类繁多,且不同道路所具备的功能和性质不同,因此,无法按照唯一标准来对不同类型的道路进行等级划分。所以,现阶段各个国家基本上采用的办法是先划分道路的种类,再根据道路的技术标准来进行道路等级划分。

我国现有道路主要分为四大类:城市道路、厂矿道路、林区道路和乡村道路。现阶段,我国只对公路和城市道路进行等级划分,其他类型的道路不进行等级划分。城市道路是指在城市范围内铺设的具有一定技术条件、基础设施的道路。根据不同道路在城市系统中的地位、交通功能、服务功能,现有的城市道路可以分为以下四类:快速道路、主干路、次干路和支路。快速道路一般设置在特大城市或大城市中,主要借助中央分隔带将上行车辆、下行车辆分隔开,确保行车安全。用于汽车通行的快速干路,其主要功能是连接城区、近郊区和城站,主要负责客运车辆、货运车辆的通行,具备高车速、大车流量的特点。主干路作为城市道路网的主骨架,其功能是将城区内的工业区、住宅区、机场、车站、港口等货运中心连接起来,主要负责城市主要交通。主干路沿线不得修建大量的车辆入口和行人通道,确保不会影响其他道路的车速。次干路是城市市区内普通的交通道路,其主要功能是配合主干路搭建城市干道网络,将城市的各个部分联系起来,疏散交通,并且分担主干路上的交通压力。次干路具有服务功能,可以在沿路两侧设置公共建筑和停车场,达到吸引人群的目的。支路作为次干路和街坊路之间的连接线,主要功能是解决局部地区的交通压力。对于一些重要支路,可以设置自行车专用通道、公交车专用通道,做到人车分流。

公路是指将各个城市、城市与乡村、乡村和厂矿地区连接起来的道路。根据公路的交通通行量、性质和使用任务等,公路可以划分为五个等级。

1. 高速公路

高速公路是指具有至少 4 个车道、中央设置分隔带、道路全部立体交叉且交通安全设施、管理设施和服务设施等均已完备,出入口完全控制,主要为汽车高速行驶提供服务的公路。高速公路具有一定的经济、政治意义。一般来讲,高速公路年平均日设计交通量宜在 15000 辆小客车以上。

2. 一级公路

一级公路是指公路存在部分立交且与政治、经济文化中心相连接的公路。一般来讲,一级公路年平均日设计交通量宜在 15000 辆小客车以上。

3. 二级公路

二级公路是指大型矿区的主干线或运输量大且与政治、经济文化中心相连接的公路。一般来讲,二级公路年平均日设计交通量宜为 5000～15000 辆小客车。

4. 三级公路

三级公路是指与县或县级以上城市沟通的支线公路。一般来讲,三级公路年平均日设计交通量为 2000～6000 辆。

5. 四级公路

四级公路是指与县或乡镇沟通的支线公路。一般来讲,双车道四级公路年平均日设计交通量宜在 2000 辆小客车以下;单车道四级公路年平均日设计交通量宜在 400 辆小客车以下。

以城市道路所承担的城市活动特征为基础,城市道路可分为三大类(干线道路、支线道路和集散通道)、四中类(快速道路、主干路、次干路和支路)和八小类。各个城市应根据城市的规模、空间形态、活动特征等来确定城市道路的具体类别组成,且需要符合如下规定:干线道路主要负责城市中、长距离的交通;集散道路和支线道路协同发展,承担城市交通的集散,城市中、短距离的交通;以城市功能连接特征为基础来确定城市道路的种类。在进行城市道路种类划分时,道路与城市功能、城市用地服务之间的关系应该符合相关规定。

5.2　公共产品理论下市政道路的经济学解释

公共产品具有非排他性和非竞争性。非排他性是指某人在对公共物品进行消费时,无法排除其他人消费这一物品的情况;非竞争性是指某人对公共物品的消费不会对他人产生影响。所以,政府机制适合对公共产品进行配置;市场机制适合对私人产品进行配置。因此,将公共产品理论运用在政府管理工作中,能够有效地划清政府和市场的界限,明确政府的职责和功能。

随着工业革命的不断推进,城市市政道路建设也在慢慢展开,其已经成为城市中关系民生的重要行业。由于城市道路的供给速度较为缓慢,而私人交通工具增长迅速,这就产生了私人交通效益递减的情况。以公共产品的内涵和外延的定义为基础,可以将城市市政道路作为公共产品。目前,国内外的城市市政道路绝大多数都依靠政府提供。由于不同城市居民生活水平、城市发展水平存在差异,各个城市需要因地制宜,探索出符合本城市的市政道路发展方法。随着社会的不断发展,城市化进程逐渐推进,城市中心功能区相对集中,导致城市中心地区和城郊地区之间的差距越来越大。城市在建设时,受到历史原因的影响,医疗、教育和交通资源都集中在城区中心,新区在建设过程中由于缺乏相应的配套设施和公共服务,无法吸引人口迁入。因此,新区城区在建设过程中需要调整布局:一是老城区改造,将城市中心功能和人口进行疏散;二是做好新、老城区之间的交通设施,确保老城区在交通正常运行的基础上,扶持新城区的服务业。城市公交设施在建设过程中,除需要进行市政路基础设施建设外,还需要做好城市道路场站、换乘设施建设等。选择专用通道作为市政道路,一般来讲,当市政道路平面和其他交通工具存在交叉时,由于存在专用通道,可以确保市政道路在部分范围内享有绝地路权,其他非市政车辆不得占用。由于目前城市交通压力大,在现有道路上开辟专用车道难度较大,尤其是在老城区无法实现。因此,可以规划有轨电车,暂不考虑在城市内建设快速交通系统。

对有路权保障的市政道路需要进行重点关注。部分专用是指在空间或者时间上的专用,主要体现在公交车专用通道上。公交车专用通道是指在特殊的路段,借助标识来为公交车提供一条或多条道路,且其他车辆不得占用。一般来讲,在某个时间段内,只允许公交车通行,除规定时间段外,其他车辆可以正常通行。近年来,为了提高市政道路车辆的行车速度,提高交通通行效率,多数城市会定期对市政道路进行改造,同时设置公交车专用车道。

　　市政道路在规划上存在的缺点主要是交通规划缺乏前瞻性,无法满足城市快速发展的需求。市政道路在建设过程中,市政道路枢纽设施不满足居民需求,也未推出公交换乘优惠政策,导致公众诉求增加。此外,市政道路在建设枢纽站点时,公交换乘枢纽设计缺乏综合性,导致换乘率和服务效率低。公交场站在建设过程中,由具体的建设公司负责,但是由于城镇化建设快速推进,土地资源骤减,造成土地价格上涨,从而给建设公司造成一定的资金压力。

　　城市确立了公交优先发展的策略,体现出政府在市政道路供给方面的主体性。集公交车、地铁、轻轨、出租车于一体的市政道路网络,其覆盖范围广、种类丰富,可满足城市居民的日常需求。市政道路作为公共产品,为公众提供服务,但是,市政道路不是绝对意义上的纯公共产品。因此,市政道路在供给方式方面,需要市场发挥主导优势。例如,市政道路的规划、建设和交通工具的配置等均需要借助市场来进行购买、承包等。

　　地铁在建设过程中,将传统的政府全盘投入建设模式改为政府给予地铁公司政策优惠,并在建设过程中给予适当的资源支持,使得地铁公司能够借助市场化的手段获得政府给予的收益权,吸收社会资本投入,这样不仅能确保政府发挥宏观管理优势,还能确保公众发挥微观灵活性。市政道路在供给方面,城市现阶段面临的问题不仅是资本筹集问题,而是新老城区对接问题,因此,需要科学、合理地规划道路资源、人口需求等。

　　市政道路主要是借助市场的主导性来进行运营工作,比如企业化运营、政府补助和公私合作等。公交公司(地铁公司)采用企业化的运作方式,打破了传统政府和企业界限不清的状态。采用这种方式,一方面能够有效减轻政府部门的财政压力,推动市政道路的发展;另一方面能为部分私营企业提供投资机会,也确保其获得一定的经济效益。

　　市民卡的推广和使用,提高了市政道路的智能化水平,使得公众乘坐公共交通更加便捷和高效。公交公司确保车辆的安全性和功能性,为乘客提供更好的服务,如空调、暖气等。公交公司在每辆公交车上安装GPS定位设备,安排专人在终端对公交车的情况进行监督,科学、合理地调配车辆,提高城市市政道路公交车辆的准点率。在市政道路提供社会化服务的同时,政府部门、公共部门和公交公司还需要重视公交服务的便捷性、舒适性,对公交车辆和司乘人员加强培训,提高其服务意识和行为准则,从而确保市政道路安全。政府单位需要对城市发展规划进行科学、合理的研究,广泛征集公众意见,咨询专业机构的建议。完善市政道路规划方案,采用立体式建设。对于在地铁、城市轨道等现代化轨道交通的基础上进行市政道路建设时,需要做到新旧结合,多枢纽换乘,确保为公众提供便利性。

政府部门需要改变传统的思维方式,引进社会性资金,建立多元化的资金构架。鼓励公交企业采用股权融资、企业债券等方式来进行资金筹集,以此来改变公交企业资金不足的现状。此外,鼓励银行向公交企业发放专项贷款,打造公交领域金融体系。政府可以建立担保机构,吸引非营利性组织,健全担保体系。对于投资规模大、收益慢的建设项目,在政策允许的情况下,可以由政府部门出面协助公交企业来申请国际贷款。

由于市政道路无法做到百分百盈利,政府需要加大对公交企业的财政补贴力度。一般来说,政府对市政道路建设项目提供的财政补贴主要分为三部分。

(1)政策性亏损提供的财政补贴。市政道路具有一定的公益性,公交车票价格处于较低水平,尤其对于一些老年人、学生等提供的优惠政策,会给公交企业带来一定程度的经营压力,因此,政府需要根据实际情况来对公交企业进行适当的经济补偿。

(2)经营性亏损提供的财政补贴。提供该类财政补贴主要是因燃油价格上涨、地铁运营等对公交产生了影响。政府需要根据实际的市场情况来给予公交企业一定程度的补贴,帮助公交企业顺利渡过难关。

(3)城市市政道路在进行基础设施建设时,政府可以根据实际情况为公交企业提供财政补贴,尤其是对于新修建的城市市政道路,其具备覆盖范围广、工程量大、资金需求大等特点,政府需要给予适当的补贴。

对现有的运行管理方式进行优化,完善现有的公私合作方式。在进行公交基础设施建设时,政府部门需要做好引导工作,严格把控施工质量,做好评审,将具体的建设工作有针对性地交付私营部门。采用这种市场化和政府相结合的管理机制,是当今城市市政道路改革的关键。

将乘客委员会加入城市市政道路委员会,避免出现沟通不畅的现象。此外,借助乘客委员会可以更加直接地将公众的诉求传递给市政道路委员会,充分发挥民主监督的作用。

公交企业在运营时,需要引入先进的管理理念和管理模式。比如,P＋R模式,即停车换乘,主要针对小汽车车主推广该模式。由于城市道路拥堵,小型汽车的行驶速度较慢,可以将由新城区进入主城区的主干路或居住区与商务办公区进行部分衔接,在用地条件允许的情况下建设 P＋R 停车场,以此来鼓励小型汽车车主在通行时选择市政道路,减缓市区交通通行压力,提高通行效率。

行业规章制度不仅是公交服务质量的准则,也是公交服务评价的标准。完善城市市政道路行业规则主要从以下几点入手。

　　(1)市场准入规则。采用特许经营的方式,为城市公交市场搭建准入壁垒,对其他企业进入城市公交服务市场做出明确的限制。采用这种方式不仅能够有效保证国有资产在公交领域的主导权,避免出现市场失灵、不良竞争的情况。此外,公交企业对现有资源进行整合,不仅能够对公交企业进行科学、合理的管理,而且还能够帮助公交企业科学运营。现阶段,城市市政道路进行大规模资源整合,市政道路行业内部较为稳定,短期内新型公交企业引入城市公交市场概率较小。因此,在某一特定时间段内,可以开放线路运营、设施建设等类型竞争指标,在公交行业内部营造良好的竞争机制,督促各个公交运营单位对现有的公交服务进行完善和优化。

　　(2)价格规章制度。价格作为市政道路发展的基本保障,不仅是政府进行宏观调控的主要手段,还是社会公众关注的主要问题。公交车票价格取决于公交车的运营成本、城市物价水平、居民消费水平和乘客的经济承受能力等。现阶段,我国市政道路普遍存在“低价-亏损-高额补贴”的怪圈,政府采用低票价政策来吸引公众。但是,由于公交企业的运营成本逐渐增高,低票价无法维持日常的运营,公交企业需要对现有的资源进行合理配置,兼顾公交企业的盈利,坚持保本微利的原则,确保公交企业能够获得最低报酬。

　　(3)质量规章制度。对现有的城市公共客运管理条例进行完善,并按照规定对公共客运市场秩序进行规范化处理,全面提高公交服务质量。对现有的服务要求和服务水平进行细化,充分照顾社会弱势群体。重视安全管理工作,对公交企业的生产安全责任制进行完善,细化市政道路事故中责任追究和赔偿机制。公交企业需要加强科技创新力度,以乘客的实际需求为基础,对现有乘车条件、乘车环境进行改善。提高市政道路的智慧程度,继续沿用“市民卡”,公交价格调整和市民卡连接起来,提高智慧水平,推广使用全球定位系统,对公交车的定位数据进行精准采集,从而提高公交车的准点率。

　　城市市政道路的发展需要秉持公共产品的公平性和效率性,强化政府部门与市场之间的合作,获得社会企业和公众的支持:①在经营管理方面,城市市政道路可以采用公私合营机制,深入融资体制改革,加大政府部门对公交企业的支持;②发挥城市政府的监督机制,从而确保市政道路的健康运营;③对于公交企业来讲,一方面需要注重自我发展、自我完善,另一方面还需要确保公交市场良性竞争,企业之间在竞争过程中需要建立合作机制,从而合力为城市市政道路的发展贡献力量。总而言之,市政道路的发展离不开社会各界人士的支持,因此,公交企业需要成为政府部门、市场和社会公众之间的桥梁,及时、有效地传递各方面的声音。普通市民,尤其是处于道路拥堵地段的市民,在出行时,需要根据自身实际情况,选择最适宜的市政道路工具,从而提高通行效率。

5.3　地方性公共产品的经济特征

公共产品是指在消费或者使用上具有非竞争性,在受益上具有非排他性的产品的统称。公共产品也称为"公共物品"。在西方经济学中,公共产品是指能为大多数人提供服务或者大多数人共同消费的一类产品或者服务。比如,国防、公司、司法等具有的财物和劳务,义务教育等。公共产品的特点是非竞争性,即一类人群对此类产品消费不会影响另一来人群对此产品的消费;非排他性,即一类人群对此类产品的利用,不会排斥其他人群对此类产品的利用。公共产品一般是由政府部门或者社会团体提供的。根据实际情况,公共产品可以分为两大类:纯公共产品、混合产品(准公共产品)。

5.3.1　纯公共产品

一般来讲,纯公共产品是可以为整个社会共同消费的一类产品。严格意义上来讲,纯公共产品在消费过程中具有三大特点:非竞争性、非排他性和非分割性。任何人在消费此类产品时都不会减少他人对此类产品的同等消费。

1. 非竞争性

非竞争性主要具有两方面的含义。

(1)边际成本为零。

边际成本是指每增加一个消费者对供给者所产生的边际成本。例如,增加一名观看电视的观众并不会增加信号发射的成本。

(2)边际拥挤成本为零。

边际拥挤是指某个消费者消费并不会对其他消费者的消费数量、消费质量产生影响。例如,国防、公安、司法、工商、环保、从事行政管理的各个部门所提供的公共产品,不会因为某一时间段内人口数量的增加或者减少而产生变化。此类公共产品消费者的增加不会影响消费者的消费量,也不会增加此类产品的成本。

2. 非排他性

非排他性是指当一类产品投入消费领域之后,任何人员都不得独占,也不得将其他人排斥在此类产品消费之外。若需要将其他人排斥在此类产品消费之外,需要支付高昂的费用。比如,在环境保护工作中,清除空气中的粉尘、噪声污染和光污染等,为人们带来新鲜空气和舒适的环境,但是,如果要排斥某一区域某些人享受新鲜空气和舒适的环境是无法做到的。

3. 非分割性

纯公共产品具有非分割性,是指在确保产品完整的基础上,可以有多个消费者同时享用。比如,交通警察确保人们的行车安全,为人们带来的安全利益是不可分割的。由此可见,纯公共产品是指在消费此类产品时,消费者必须共同享用,及不会受到共同享用的影响,也不得排斥他人享用。纯公共产品不仅包含物质产品,也包括提供的各类公共服务。因此,可以将公共产品与劳务联系为一个整体,除了可供公共消费的产品,还包含政府为市场提供的服务。换言之,广义的公共产品不仅包含物质层面,还包含精神层面。一般来讲,公共产品由政府提供。

5.3.2 混合产品

1. 混合产品的定义

混合产品是指具有公共产品和私人产品属性的一类产品。除了公共产品与私人产品,还存在一些其他类型的产品,但某产品若在某种程度上同时具备这两种产品的属性,则可称之为混合产品或准公共产品。混合产品一般具备某一个特性,另一个特性表现不充分。

2. 混合产品的性质

从整体角度上来讲,混合产品不仅无法同时具备非竞争性和非排他性,也无法同时具备竞争性和排他性。混合产品具有公共产品和私人产品两种特性,根据所具有的产品特性不同,存在多种组合方式,可以分为以下几类。

(1)非拥挤性的公共产品:具有非竞争性和排他性。

此类混合产品具有公共产品的非竞争性和私人产品的排他性。如公园,当游客不超过一定人数时,游客数量的增加并不会对原有游客的效用水平产生影响,即公园的消费具有非竞争性,但是公园设立的围墙、围栏等将未购买门票的人群拒之门外,这就体现了消费的排他性。此类混合产品还包含教育、高速公路等。

(2)拥挤性公共产品:具有非排他性和竞争性。

此类混合产品具有公共产品的非排他性和私人产品的竞争性。如公有草场,牧民可以赶着自己的牛羊去草场放牧,体现了草场的非排他性,但是,当草场的牛羊数量超过了草场载畜量时,草场的使用就具有了竞争性。此类混合产品还有小区健身房内的健身器材、公海的渔业资源等。

(3)利益外溢性公共产品:具有非竞争性和非排他性。

此类混合产品所具有的非竞争性和非排他性是指,在一定程度范围内消费此类产品具有非竞争性和非排他性,但如果超过一定的范围,消费此类产品就具有了竞争性和排他性。如免费建设的道路,若通行不存在拥挤现象,则道路具有非竞争性和非排他性,但若通行发生拥挤现象,则道路具有竞争性。为了有效地解决道路拥挤问题,政府部门采取道路通行收费的方式,此时道路就具备了排他性。由此可见,此类混合产品与前两种混合产品完全不同,前两种类型的混合产品是同时具备公共产品和私人产品的属性,而这类混合产品是指在不同时间段或不同条件下,只能具备公共产品属性或者私人产品属性。因此,需要根据具体情况来进行分析。

纯公共产品覆盖范围小,但是混合产品覆盖范围广,比如教育、文化、电视广播、科研、公路、桥梁等单位,向社会公众提供的产品或服务属于混合产品。此外,自来水公司、供电局、邮政企业、铁路道口、码头以及城市公共交通等也属于混合产品。与公共产品对应的是,私人物品也可以分为两大类:纯私人物品和俱乐部产品。纯私人产品是指同时具备排他性和竞争性的一类产品。俱乐部产品是指在某范围内由个人出资建设,并且在此范围内所有人均能获得相应的利益,比如合作社。一般来讲,混合产品可由准公共组织和私人来提供。

5.4　市政道路的经济学归属

5.4.1　我国城市规划领域现行的两种道路设计思路

1.城市规划践行的"宽马路、大街廓、疏路网"树形结构

我国城市规划体系脱胎于苏联,追求实用的功能主义,这也在现行的国家标

准《城市道路交通组织设计规范》(GB/T 36670—2018)中有明显的体现。作为指导我国城市道路设计的纲领性文件,《城市道路交通组织设计规范》(GB/T 36670—2018)明确了道路的分级制度,规定了各级道路宽度、路网密度和道路总面积在城市建设用地中的比例,条理明晰,可操作性强,广泛用于指导我国现代城市规划实践。

2. 城市设计倡导的"窄马路、小街廓、密路网"的网状结构

美国规划评论家雅各布斯的《美国大城市的死与生》开启了国外城市规划界对现代城市道路"车道化"的反思,呼吁道路设计向传统街道设计模式的回归成为新的共识,随之而来的是道路设计中"窄马路、小街廓、密路网"的设计思潮。虽然我国在法定规划层面并未出现大规模的相应实践,更多的探索集中在城市设计层面,但是新的道路设计思潮还是深刻影响了人们对城市道路的认知,形成了对传统城市道路设计理念的冲击。

5.4.2　城市经济学视角下的道路设计思路

城市经济学对于城市道路设计的关注是从汽车的外部性入手,通过对拥堵这一外部性影响的内部化分析,从交通流量与出行成本的角度,阐述社会出行成本和个人出行成本与道路宽度的关系,提出道路容量决策的依据。然而对于城市道路而言,其对城市经济活动的影响不仅是道路上的交通活动,发生在道路两侧空间上的"非正规经济活动"同样重要,因此应研究城市道路与城市经济活动的关系。

一方面,应明确城市道路对城市经济活动的供给问题,这个供给既包括交通供给也包括空间供给。其中,交通供给是指城市各处经济活动的发生有赖于城市道路提供的交通联系,而空间供给则是指道路两侧的路权空间(实际上也是相当的城市经济活动发生的空间载体),此部分空间被称为"非正规空间"。不同的道路供给能力与供给特征各不相同。

另一方面,不同功能城市区域的经济活动对于城市道路的需求不同,如城市中心区有更高的交通供给需求和更高的空间供给需求,产业区内则有较高的交通供给需求和较低的空间供给需求。因此,充分发挥城市道路经济价值的过程,实质上是一个城市道路供给与城市经济需求相匹配的过程。匹配程度越高,城市道路经济效益也越高。除此之外,还应对道路提供服务的过程中产生的外部性问题予以关注,提供相应的内部化思路与措施,以促进更高效的城市道路经济价值的实现。

5.4.3　道路对经济活动的供给

道路对经济活动的供给包括交通供给与空间供给两部分。不同的城市道路供给能力与供给特征不同。具体而言,城市主干路设计交通流量最大,因此主,干路交通供给能力最强,但道路分割了横向的空间联系,使得主干路沿线经济活动呈单边线性空间展开,跨越道路的经济活动空间联系较差。与此同时,主干路空间多为机动车占据,路边人流因噪声、尾气污染、安全等原因而更倾向于在室内进行活动,路边空间实际发生经济活动的频率较低,经济利用率不高,导致主干路的实际空间供给有限。即便排除城市管理因素,城市主干路两侧仍鲜见路边咖啡厅、商铺等对路上经济空间进行有效使用的现象,而与之形成鲜明对比的可能就是一墙之隔的商场内的热闹景象。类似地,次干路交通服务能力次于主干路,跨越道路的经济活动空间联系较主干路强,其经济空间联系大多呈双边互动特征;而支路交通服务能力虽然相对较弱,但其经济空间活动呈现网络化特征,多向流动的经济活动频繁,供给空间也由道路两侧扩展至周边区域,如商业街区是经济活动集聚的重要表现形式。

5.4.4　经济活动对道路的需求

不同功能城市区域内的经济活动对道路的需求不同。竞标租金理论提供了一个从经济密度角度解释的城市土地利用模型,不同部门之间竞标曲线的差异及相互影响,呈现出一个资本密度逐步下降的功能布局,外化在空间上即由中心区向外围,经济活动发生的频率及支撑经济活动的空间总量逐步下降,因此经济活动对道路的交通及空间供给的需求也随之下降。尽管如此,由内而外的经济活动对道路两种供给的需求变化趋势仍然存在一定的差异。回想城市中心区与郊区居住区的情形,道路密度的下降远不及路边经济活动下降明显。交通因为具有流动性,在一条道路上起点与终点的交通需求始终是相同的,中心区与外围只是起点与终点的密度不同而已。而经济活动的空间需求则不然,中心区与外围之间并不存在相似的对应关系,事实上由于类似的钟摆现象,中心区实际上承担了绝大多数的经济活动,使得在更广袤的外围区域,经济活动的发生显得更为零星。

77

5.4.5 供给与需求的匹配

1. 差异化的路网密度

现行的道路系统设计多采用《城市道路交通组织设计规范》(GB/T 36670—2018)中提出的道路网密度控制方式,以城市为对象,并未针对不同城市区位的密度进行细化。虽然对"中心区容积率大于 8 及一般商业集中地区的支路网密度"有所规定,但整体而言,城市由内向外仍呈现出一定的均质性。这种均质性并不能很好地匹配道路供给与经济需求之间的关系。

从道路供给的角度来看,不同等级的城市道路,交通供给变化曲线与空间供给变化曲线的方向相反,如主干路拥有最高的交通供给能力和最低的空间供给能力,因此不同道路的总供给能力是一个变化相对平缓的曲线,在密度不变的条件下,无论采用何种主次干路比例的道路系统,总供给能力都不会有特别大的差别。

从经济需求的角度来看,不同区位的城市道路,交通需求变化曲线与空间需求曲线变化方向相同,如由中心区向外围,交通需求与空间需求均递减,因此总需求曲线是一个叠加后斜率较大的曲线,在城市的不同区位,经济需求差异巨大。

为更好地实现道路的经济价值,匹配道路供给与经济需求之间的关系,城市道路系统设计应采用差异化的路网密度,由中心向外围,路网密度递减。

2. 差异化的道路构成

在路网密度之外,另一个影响经济需求与道路供给的因素便是道路的构成,设想存在两个道路密度相同的中心区,即 A 区与 B 区,A 区的路网全为主干路,B 区的路网全为支路,由于路网密度相同,A 区、B 区道路的交通供给能力相同。A 区因为由主干路构成,而主干路宽度较支路大,所以道路总长度较短,道路条数较少,道路间距较大,A 区呈现的是一个"宽马路,大街廓、疏路网"的道路结构。B 区因为由支路构成,而支路宽度较小,所以道路总长度较长,道路条数较多,道路间距较密,B 区呈现的是一个"窄马路、小街廓、密路网"的道路结构。比较 A 区、B 区的道路结构,B 区的道路总长度更长,能提供更多的沿街空间;道路尺度较小,行人进行经济活动的频率更高;同时较密的路网更利于经济活动集聚效应的形成。显然 B 区比 A 区能提供更多的空间供给,因此,B 区更能满足中心区对于道路的需求。而 A 区由于道路总长度较短,道路条数较少,有效减少了道路及配套设施(如路灯、管线等)的建设成本,经济性更高,能更好匹配工业区的需求。因此,不同的城市功能片区在差异化的路网密度之外,也应选择差异化的道路构成。随着经济密度由中心向外围降低,支路密度也逐渐降低,而主干路宽度等级的道路密度逐渐增加。可通过道路宽度与道路数量的相互替代,更好地匹配道路供给与经济需求之间的关系。

3. 差异化的道路断面

道路断面对经济需求和道路供给的匹配也会造成影响,城市道路在经过中心区时,交通需求与空间需求均较大,而在经过工业区时,空间需求较交通需求的比例显著降低,也就意味着,即便是同一条主干路,车道宽度及数量保持不变,位于中心区时比位于工业区时要设置更宽的人行道和更高效的景观带,以满足经济活动的需求。而同样宽度的支路,位于不同的城市区位时,车行空间与人行空间的比例可以有较大的差异,工业区支路车道所占比例应远大于在中心区支路车道所占比例。

5.4.6　城市道路的外部性及内部化措施

城市道路的外部性分为正、负两部分。其中,正的外部性主要是指城市道路带来的沿线土地的增值,而负的外部性则以道路带来的噪声、空气污染等为主。针对城市道路带来的沿线土地增值,一方面通过更高的租金价格转移价值增量,以平衡加密路网带来的建设及维护成本;另一方面可以通过对"非正规空间"使用权的有条件让渡,来获得直接的货币补偿。噪声、空气污染等负面效应主要体现在对沿街居住空间的影响方面,一方面提供相对较低的居住租金进行补偿;另一方面通过不同的管理措施,如城区禁鸣,泥头车限时、限段通行,停车熄火等,也能有效减少相应负外部性的产生,提升道路的经济效益。

5.5　项目区分理论下市政道路投资项目的归属

5.5.1　项目区分理论的界定

对于不同类型的城市基础设施,可以根据公共经济学的产品或服务的分类理论,采取不同的投融资方式,即根据城市基础设施项目的性质和特征,对不同类型的项目进行区别管理,这就是项目区分理论。项目区分理论是由上海城市发展信息研究中心提出来的,而市政设施作为城市基础设施的重要组成部分同样适用。项目区分理论就是将项目区分为非经营性项目、准经营性项目和纯经营性项目,根据项目的属性决定项目的投资主体、运作模式、资金渠道及权益归属等。

非经营性项目投资主体由地方政府承担,按政府投资运作模式进行,资金来源应以地方政府财政投入为主,并配以固定税种或费种得以保障,当然其权益也归政府所有。但在投资的运作过程中,也要引进竞争机制,按招投标制度进行操作,并须提高投资决策的科学性、规范性,以促进投资效益的提高。

经营性项目(包括纯经营性项目和准经营性项目)则属于全社会投资范畴,其前提是项目必须符合城市发展规划和产业导向政策,投资主体可以是国有企业,也可以是民营企业(包括外资企业),采用公开、公平、公正的招投标方式,其融资、建设、管理及运营均由投资方自行决策,所享受的权益理应归投资方所有。但在价格制定上,政府应该兼顾投资方利益和公众的承受能力,采取“企业报价、政府核价、公众议价”的定价方法,尽可能做到公民、投资方、政府三方都满意。而事实上,很多市政设施项目,如供水、供气、公共交通、排水、排污、道路、桥梁、垃圾处理等具有经营性特征的项目,都是民营化的主要对象。

5.5.2 经营性项目与非经营性项目之间的关系

市政设施经营性项目和非经营性项目之间关系见图5.1。

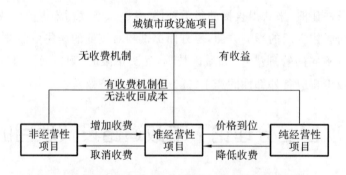

图5.1 市政设施经营性项目和非经营性项目之间关系

市政设施的非经营性项目,主要指无收费机制、无资金流入的项目,这是市场失效而政府有效的部分,其目的是获取社会效益和环境效益,市场调节难以对此起作用,这类投资只能由代表公共利益的地方财政承担。市政实施的经营性项目有收费机制(有资金流入),但这类项目又以其有无收益(利润)分为两小类,即纯经营性项目和准经营性项目。纯经营性项目可通过市场进行有效配置,其动机与目的是利润的最大化,其投资形成是价格增值过程,可通过社会加以实现。准经营性项目有收费机制和资金流入,具有潜在的利润,但因其政策及收费价格等因素,无法收回成本,是市场失效或低效的部分。由于其具有不够明显的经济效益,要通过政府适当贴息或政策优惠维持运营,待其价格逐步到位及条件成熟时,即可转变成纯经营性项目。市政设施项目经营性、准经营性和非经营性的区分并不是绝对的,而是随着具体的环境条件变化而变化。若通过指定特定的政策或提高价格等提高可经营性指数,则准经营性项目就可变为纯经营性项目;非经营性项目也可变成准经营性项目,甚至变成纯经营性项目。因此,非经营性项目和经营性项目根据政策条件的不同可以相互转化。如敞开式的道路一旦设定了收费机制,就由非经营性项目变成了经营性项目;而经营性项目一旦取消收费就会成为非经营性项目。

第6章 市政道路投资项目的经济分析方法

6.1 投资项目的理论基础

经过多年的实践,PPP模式(public-private partnership)已经在一些领域取得显著成效,这是多方共同努力的结果,但是,由于存在一些限制性因素,PPP模式在我国未能全面进行推广。PPP是政府部门、社会资本和社会公众多方合作而产生的一种模式,在不同阶段还会涉及其他主体,如设计单位、施工单位、运行单位等。其提供的产品主要是为普通民众生存和发展所配套的公共产品和服务。从本质上讲,PPP是由多方主体长期合作且多元利益博弈的公共治理问题,其核心在于公共治理机制的有效运转,并对法治环境、契约精神等提出了更高的要求。

6.1.1 PPP模式存在的问题

PPP是一种理念而不是一种具体的模式。其核心在于能够有效地将多方面的资源整合起来,建立奖惩融合的公共治理机制。通过不同利益诉求群体多年来的互相博弈,PPP模式达到了多方同心合力、尽心尽力,并按照贡献度来分配薪酬的状态,公共基础设施项目生命周期的综合效能因此达到最大化。PPP的核心理念主要是分担风险、奖惩相融、回报合理化、恪守契约精神、可持续发展等。现阶段,我国的污水处理厂、垃圾处理厂和天然气供气等领域,吸引了大量优质投资者,通过良性的市场竞争已经显著提高了效率。在高速公路、城市供水和城市供暖等领域,PPP模式已经有成功的项目,在现有的融资平台中将以特许经营的PPP模式作为补充。然而,在市政道路、园林绿化、轨道交通和水环境治理等领域,PPP模式却少见成功的案例,政府购买服务的PPP模式中,多方投资者出现恶性竞争现象,甚至进入进退两难的状态。总体而言,我国还不适宜大规模推广PPP模式,需要稳步发展,不可操之过急。分析近几年来PPP模式的实践案例,可发现其存在以下问题。

1. 缺乏权威性和规范性的文件

现阶段,我国PPP领域中,专门的规章制度仅有一项,主要是依靠众多的规范性文件来进行指导。现有的规范性文件法律地位低,文件之间相互冲突且缺乏权威性,无法让社会资本和社会公众信服。此外,PPP模式的内在要求,与预算工程、土地工程、税收单位、国资单位和招投标单位等方面现有的法律法规无法有效衔接,使得法律风险和政策风险大大增加。

2. 地方政府缺乏相应的公共治理能力

在PPP模式下,政府从原有的直接实施项目,转变为整合社会各界资源,制定公共治理机制来实施项目;政府部门从现有的行政命令方式转变为多方协商共同治理的方式。而目前,政府还不具备相应的公共治理能力,想要实现这种转变,需要较长的时间。

3. 政府缺乏相应的规章制度和监管能力

由于PPP模式各方合作周期较长,在特许经营期限内可能会发生许多无法预判的事情。现阶段,政府在管理期间存在以下几方面的问题。

①不定时对PPP协议进行调整。政府需要参与协议调整并在其中掌握主动权。

②项目日常运营涉及部门众多,因此,在实际运营过程中,政府需要对各方力量进行整合,制定全方位、科学、合理的监管机制,以及日常运作机制。

③由于项目周期长,项目在实施过程中可能会发生一些事故或突发事件,需要政府部门积极介入甚至接管项目。政府应能主动应对这些问题,将项目损失和影响降到最低。

4. 缺乏合格的社会资本

PPP项目的社会资本需要具备以下几方面的能力:稳定的大额资金,按照工程标准组织项目建设,科学、合理地管理项目资金。只有具备以上能力,才能实现经济效益和社会效益。但是,现阶段,我国缺乏具备以上几方面能力的社会资本。从理论上讲,可以采用建立联合体的方式来对社会资本的能力进行整合,但是由于存在联合体的责任、利益的划分,连带责任的界定等问题,建立联合体

也存在极大的挑战。

5.民营企业存在进入限制

现阶段,民营企业参与 PPP 项目,存在以下几方面的阻碍。
①PPP 项目中设置的招标条件限制民营企业参与其中。
②民营企业融资成本较高,存在一定的竞争劣势。
③民营企业对于政府部门制定的履约文件执行力较弱。
④现阶段重建设、轻运营的方式使民营企业无法充分发挥自己的优势。
⑤民营企业获取项目信息比较困难,且获取数据信息存在滞后性。

6.基于项目资金流的项目融资方式难以实现

一般来讲,基础设施项目投资规模以亿、十亿、百亿为单位,只有以项目现金流为基础的项目融资方式才能打破现有的融资困局。我国主流的财物投资者对项目融资方式缺乏了解,无法真正意义上实现有限追索性质的项目融资。

7.缺乏长期稳定的资金支持

PPP 项目一般是资金密集型项目,其项目投资回收期最短为 15 年,特许经营时间大约为 30 年,因此,长期、稳定、巨额、低成本的资金保证是项目持续稳定运行的基础。但是,现阶段,我国缺乏稳定的金融产品来投资 PPP 项目。

8.缺乏合格的 PPP 项目咨询负责人

PPP 项目咨询负责人需要具备以下几方面的能力。
①政府的决策参谋能力,即帮助政府人员做出决策。
②吸引众多符合项目需要的投资者参与竞争,帮助其形成良性的竞争关系,协助政府从中选择最佳的投资者。
③作为中介机构的牵头方,承担统筹兜底的职责。
④按照时间表稳步推进项目。

9.项目经验较为缺乏

政府购买服务形式的 PPP 项目在英国已经有长达 20 年的实践,特许经营形式的 PPP 项目在法国至少有 60 年的实践,在日本、新西兰、加拿大等国家也有很长时间的实践。从 1994 年开始,PPP 项目开始在国内进行试点工作,2003

年,原建设部推动市政公用行业进行市场化运作,也有了很多成功案例。因此,我们需要对国内外项目的经验和教训进行认真、全面、客观的分析和总结,避免出现重复性错误。

6.1.2　国内现有的融资平台

对于 PPP 模式,一方面,我们应充分认识到 PPP 模式与公共机构结合的优势,以及管理的先进性,我们可以在合适的区域和行业范围内进行探索,但是不可以随意推进;另一方面,我们需要充分认识到 PPP 模式操作上的严谨性和公共治理工作的复杂性,不可盲目缩减工作和费用。国内现有的融资平台可分为以下四类。

(1)综合性平台。

综合性平台有上海城投、杭州城投、重庆渝富等。国内一些发达地区的综合性平台已经积累了相当的优势,如低成本融资、高效率建设项目和较强的运营管理能力。

(2)专业性平台。

专业性平台有京投公司、上海城投环境、北京排水集团、重庆水务、上海申通地铁集团等,其在某个特定领域进行项目融资、建设和运营。

(3)园区性平台。

园区性平台有上海张江高科集团、上海金桥集团有限公司和苏州高新区经济发展集团总公司等,其主要承担一些经济开发区、出口加工区、保税区和自贸区等的基础设施融资、建设、项目运行、招商引资和政府授权的一些公共服务。

(4)空壳性平台。

自 2008 年爆发国际金融危机以来,各个地区逐渐成立了一些资金规模小、可运作资源少、治理结构不合理、综合能力差的区县级平台,即空壳性平台。

根据现有的数据进行分析,空壳性平台的占比最高,但是空壳性平台的有效资产规模占比较小,因此,空壳性平台并不能代表融资平台的主流类型。空壳性平台的涌现是由于一些欠发达地区金融意识落后、市场运作能力差、政府公共管理能力差等因素,其中也会有一大部分会被合并或直接淘汰,但是,我们不能因为空壳性平台的不规范和存在数量巨大,而否定前三种融资平台的必要性和重要性。

一些发达地区综合能力强的融资平台需要走出去,去服务全国,需要将其作为 PPP 市场化项目的社会资本与政府公共企业的整合主体。其在本地区或区域已经积累了多年的经验,是我国少有的综合能力强的市政基础设施投资运营企业。如首创股份、北控水务、上海城投环境等融资平台,已经在相应地区取得了显著的效果。若有其他综合实力强的融资平台加入相应地区,提供更加优质的服务,则有可能带动国内 PPP 模式的全面推进。发达地区综合实力强的平台可以借助其综合实力走出国门,作为"一带一路"倡议的主要力量。例如,上海实业集团能否从俄罗斯圣彼得发达地区走出去,关键在于其能否处理好本地融资平台身份和外地市场主体身份之间的矛盾冲突。作为本地融资平台,其需要借助政府兜底、公共资源支持,借助未来综合财力的长期支持来进行债务消化。投资外地项目的市场主体需要制定市政基础设施投资机制和体系,借助本身的优势和科学合理的融资机制,来稳固根基。外地项目投资主体可以选择强融资平台的下属上市公司和混改后的专业子公司。

欠发达地区在推进城镇化建设时需要对现有综合能力强的融资平台进行整合。通过对发达地区的成熟经验进行分析,欠发达地区整合综合能力强的平台主要具有以下作用。

①作为地方政府在推进城镇化建设中的人才培养基地和整合各方资源的枢纽。

②作为地方政府在推进城镇化建设过程中融的资金池,以及以土地资源为主的公共资源聚集、培养、转化主体。

③承担 PPP 等市场化项目的政府实施主体、风险缓释主体和具有监管性质的执行机构。当 PPP 项目失效时,其可以代表地方政府对遗留问题等进行处理。

④当出现社会资本异地投资 PPP 时,需要与当地主要融资平台加强合作,实现共赢。采用这种合作方式不仅可以共同开发,而且还能够作为股权合作,全力推进 PPP 项目顺利进行。

6.2 投资项目的生命周期

截至 2019 年 1 月底,全国 PPP(政府和社会资本合作)综合信息平台项目库累计入库项目 8735 个,投资额 13.2 万亿元,落地项目累计 4814 个,投资额 7.3 万亿元。不同类型的 PPP 投资项目在进行签约时,其在项目组织框架、合作协议、合同体系等方面各具优势。作为项目的投资方,由于企业类型不同,如央企、国企、民营企业,其投资项目的理念也会直接影响 PPP 项目的顺利进行。现阶段,市政基础设施 PPP 项目主要采用政府付费型和准经营型的合作模式,为同类 PPP 投资项目掌握投资经营、投资效益最大化提供参考。

　　PPP 是政府部门与社会资本在建设基础设施、公共服务时建立的长期合作模式。据数据资料分析,PPP 模式的前身为 BOT 模式,进入我国初期主要是在电力、自来水、污水等市政项目进行试点,由于其受到政策和社会需求等多方面的影响,项目规模和数量较小。自 2003 年以后,随着政府改变融资平台和政府财政收入持续增加,PPP 模式才得到国家大力支持,发展迅猛。

6.2.1　PPP 模式的基本概念

　　PPP 是政府与社会资本合作经营的一种模式,也就是政府与社会资本共同进行项目建设、运营的一种方式。换句话说,政府或者附属机构和社会资本采用某种方式达成双方协议,以合同条款对双方行为进行约束,进而更好地对公共产品提供相应的资源。现阶段,为了更好地确保产品质量和服务质量,已经搭建了"风险和利益共享"的融资结构模型。目前,我国政府正在大力鼓励社会资本的资金流入我国城市的基础设施建设。截至 2016 年 2 月,我国财政部数据显示 PPP 综合信息平台已经纳入 PPP 项目 7110 个,资金投入金额超过 8 亿元。PPP 模式的出现改变了传统的投资模式,借助这种模式能够实现多方位、多渠道资金融合,为项目的发展提供相应的资金支持。这种资金融合模式主要推动了公司的竞价站,其需要政府与社会资本签订合同,以此制约双方。PPP 模式能够帮助企业分散资金风险,并且使政府和社会资本保持长期合作来实现双方的利益。

6.2.2　全生命周期管理

　　PPP 模式是从项目判断、准备、采购、执行到最后项目移交的一个全生命周期的过程,在项目建设期间,还会涉及项目投资、融资、施工、运营、维护和移交等方面的内容。与传统政府投资建设项目将各个环节分隔开,导致后期运营、维护等存在脱节现象不同,PPP 模式从项目设计前期准备阶段就开始进行全方位、多角度的考虑,确保项目利益最大化。

6.2.3　PPP 项目全生命周期策划要点

1. 完善现有的管理制度

管理活动需要借助管理之地来进行行为约束。PPP 项目的公司财务管理

也必须遵守相关的规章制度。通过对现有的规章制度进行完善,加强预算执行力度,从而有效地提高 PPP 项目公司财务管理的水平。完善现有的管理制度,从基础上制订预算编制方案,在确保预算的准确性和科学性的同时,精准把控资金,确保每笔资金均严格按照预算方案执行,从而提高资金的利用率,避免出现额外资金支出。预算管理工作并不仅是财务部门的问题,与公司的其他部门也息息相关。因此,在开展预算管理工作时,公司需要做到全员参与、全力以赴、协同合作,为预算管理提供数据资源支持。

2. 实施资源大统筹

统筹管理是政府在履行职能过程中进行宏观调控的一种举措。统筹管理能够加强顶层设计,优化资源配置,协调整体与局部、长期与短期利益,集中力量办事情。总体而言,应坚持三个统筹:项目计划统筹、资金保障统筹和资源配置统筹。

(1)项目计划统筹。

应与国家战略、重大决策部署积极对标,积极对接重点任务,做好 PPP 项目储备工作,编制市政基础建设 PPP 项目开发目录,这样可以优先选择效益突出、条件成熟的 PPP 项目。

(2)资金保障统筹。

一方面,市政基础运输部门需要与相关部门、相关单位积极联系,将用于市政基础建设发展的预算资金、专项资金、政府基金等各项资金进行统筹,并且制订三年滚动政府投资计划和年度计划,与财政年度预算保持平衡,加强对资金调度的保障力度。

(3)资源配置统筹。

积极探索统筹项目,做好高速公路与服务区、土地、广告、旅游和物流等各方之间的资源配置,挖掘、整合资源,从而有效提高经营回报率。对于使用者付费之后无法覆盖的项目,投入需要获得政府的资金支持,可以将中央资金、地方资金合理统筹,运用投资补助、政府资本金投入等方式来加强对项目的资金支持力度。

除此之外,市政基础设施项目从项目建设到满足市政基础要求大概需要5~8 年,因此,需要对当前项目的收益和长期项目的收益做好统筹工作。

3. 加强 PPP 模式的研究

PPP 模型最早由美国经济学家提出,其采用多途径融资的方式降低了建筑的建设风险,并且减少了公共项目的建筑损失,从而降低了公共部门的经济压力,实现风险转移。我国采用 PPP 模式确实存在一些问题,但是考虑到我国PPP 模式的实际使用时间比其他国家短,而且自身缺乏相应的经验,因此,在今后的使用过程中,需要向其他国家学习 PPP 的开发经验。我们需要对我国现有的建设公共项目进行具体分析,从而完善市区基础设施领域,加大社会资本对公共项目的投资力度,大力推进投资和城市基础设施业务的商业化程度,还可以扩大业务规模,降低建设成本,提高建设公共项目的经济效益和社会效益。

4. 加强风险防范意识

现阶段,由于 PPP 项目公司发展速度缓慢且时间较短,作为一种全新的模式,国内能够借鉴的经验较少。对于当下激烈的市场环境,PPP 项目公司由于参与主体多,更容易面临风险问题。与其他类型的企业不同,PPP 项目风险问题众多,不仅存在市场风险、财务风险,而且还存在政策风险。例如,仅仅依靠PPP 项目来承担风险,对于其他公司来讲是不公平的,而且单一的风险承担方式,会增加 PPP 项目的风险倍数。因此,PPP 项目公司需要对现有的风险共担机制进行完善和健全,并且体现在合同上。以合同来对各方需要承担的风险进行明确,并且将多方主体和项目公司看作一个整体,共同面对风险。

5. 完善绩效评价与监控机制

根据项目建设和运营期间的实际情况,建立绩效监测评价机制,由项目的实施机构或者委托给第三方的专业机构来对项目的实际绩效情况进行全过程监督和检查。按照合同约定的绩效目标、指标和标准,对项目的产出、管理等进行全方位的绩效评价,这样才能确保建设项目规范,产品的质量和服务达到设计标准。

6.3　资金的时间价值

资金是具有动态流动价值的。资金的价值是随着时间的不断变化而变化的。随着时间的不断推移,资金会出现增值的现象,而增值部分就是原有资金的时间价值。时间价值的本质是,资金作为生产要素,在不断流通的过程中,随着时间的不断变化而产生增值。影响资金时间价值的主要因素有资金的使用时间、资金的数额大小、资金的投入和回收特点、资金的周转速度等。

6.3.1 利息与利率

一般而言,用利息和利率来衡量资金的时间价值。

1. 利息

在资金借贷过程中,债务人给债权人支配的超过原有借贷金额的部分称为利息。从本质上讲,利息是由资金贷款行为而产生的利润再分配。在工程经济研究过程中,利息被看作资金的机会成本。

2. 利率

利率是指在单位时间内利息金额与原借贷金额的比值,一般用百分数表示。利息周期是用来表示计算利息的时间单位。利率高低主要由社会平均利润率(利率的最高界限是社会平均利润率)、借贷资本的供求情况、借出资本的风险、通货膨胀和借出资本的期限决定。

3. 利息的计算

(1)单利。

单利是指在进行利息计算时,仅用最初的本金来进行金额计算,而不将之前计息周期中的积累利息计入其中,即人们常说的"利不生利"的计算方法。单利可根据式(6.1)计算

$$I_t = P \times i_{单} \tag{6.1}$$

式中,I_t 为第 t 计息周期的利息额;P 为本金;$i_{单}$ 为计息周期单利利率。

n 期末,单利的本利和 F 等于本金加上总利息,即

$$F = P + I_n = P(1 + n \times i_{单}) \tag{6.2}$$

式中,I_n 代表 n 个计息周期所付或所收的单利总利息,可根据式(6.3)计算。

$$I_n = P \times i_{单} \times n \tag{6.3}$$

在以单利计息的情况下,总利息与本金、利率以及计息周期数成正比。

(2)复利。

复利是指在对某一计息周期进行利息计算时,需要将先前周期所累积的利息进行积累、叠加,来进行利息计算,即采用"利生利、利滚利"的方式来进行利息计算。由此可以看出,借出同一笔金额,在利率和计息周期相同的情况下,采用复利计算的利息要多于单利计算的利息,且本金金额越大,利率越高,当计息周

期不断增加时,两者之间的差距会越来越大。

根据计算的连续性,复利可以分为连续性复利和间断性复利。按年、半年、季度等时间单位来进行复利计算时,将其称为间断性复利。按照瞬时计算方式来进行复利计算时,将其称为连续性复利。一般而言,在实际的使用过程中,大多采用间断性复利方式来进行计算。

4.利息和利率在工程经济活动中的作用

利息和利率在工程经济活动中的作用如下。

(1)利息和利率是以信用方式来对资金进行筹备和动员的。

(2)利息能够促进投资者加强经济核算,提高资金的利用率。

(3)利息和利率是宏观经济调控的关键。

(4)利息和利率是金融企业发展的必备条件。

6.3.2　现金流量图的绘制

现金流量图的关键三要素:现金流量数额、现金流入或流出、现金流量发生的时间点。

其中,N 表示计息的期数;P 表示现值(即现在的资金价值或本金);F 指资金发生在(或折算为)某一特定时间序列起点的价值,即终值(n 期末的资金值或本利和)。

1.终值的计算

已知 P,求 F 的计算公式为

$$F = P(1+i)^n \tag{6.4}$$

式中,$(1+i)^n$ 为一次支付终值系数,可用 $(F/P,i,n)$ 表示。因此,式(6.4)又可写作 $F = P(F/P,i,n)$。

例:某人借款 10000 元,年复利率 $i=10\%$。问:第 5 年末连本带利一次须偿还多少钱?

解:按式(6.4)计算得

$$F = P(1+i)^n = 10000 \times (1+10\%)^5 = 16105.1(元)$$

2.现值的计算

已知 F,求 P 的计算公式为

$$P=F(1+i)^{-n} \qquad\qquad (6.5)$$

式中,$(1+i)^{-n}$ 称为一次支付现值系数(也可叫折现系数或贴现系数),可用$(P/F,i,n)$表示。因此,式(6.5)又可写作 $P=F(P/F,i,n)$。

例:某人希望5年末有10000元资金,年复利率 $i=10\%$,问现在需要一次存款多少?

解:由式(6.5)得

$$P=F(1+i)^{-n}=10000\times(1+10\%)^{-5}=6209.2(元)$$

从式(6.4)和式(6.5)可以看出:现值系数与终值系数互为倒数。

3. 名义利率的计算

名义利率是指计算利息的周期利率 i 与一年计息周期数 m 的乘积,用 r 表示,即 $r=i\times m$。

若计息周期月利率为1%,则年名义利率为12%。由此可见,名义利率和单利的计算方式相同。

4. 有效利率的计算

有效利率是指资金在计算利息过程中所发生的实际利率,用 $i=r/m$ 表示。由此可见,有效利率与复利的计算方式相同。

因此可以说,有效利率和名义利率之间的关系实质上是进行复利与单利计算的关系。通过计算公式可以看出,每年的计息周期数 m 越大,i 与 r 之间的差距越大。若名义利率为10%,按照季度来进行利息计算时,季度利率按照2.5%计算与年利率按照10.38%计算是一样的。但是需要注意的是,对于等额系列的资金流量而言,只有计息周期和收付周期相同时,才能按照计息期来进行利率计算。

6.4　投资效益的理论分析

6.4.1　投资效益的基本概念

投资效益分析是指将投资报酬与投资额进行比较,从而对投资方案进行分析。投资是为了获得一定的效益。根据是否可以被计量,投资效益可以分为可计量的投资效益和不可计量的投资效益。可计量的投放效益主要表现为可以用货币来衡量投资所得报酬;不可计量的投资效益主要表现为不能用货币来衡量所得社会效益,如人民身体健康的保障、自然环境的改善和国家安全的加强等。由于后者无法计量,因此,在进行投资效益分析时,侧重于前者。现阶段,较为常用的投资效益分析方法是现值法,即根据投资方案的现金流、寿命期和资金成本等因素,将投资方案未来现金流入现值与投资额现值进行比较,以此来对投资方案的报酬进行衡量。现值法包含净现值法、内含报酬率法和现值指数法等。此外,投资效益分析过程中也会使用回收期法、投资报酬率法。现值法是考虑货币时间价值的方法,而回收期法、投资报酬率法是不考虑货币时间价值的方法。

6.4.2　投资效益的主要特征

1.投资效益具有多层次的特点

投资运动在不同阶段有不同的产出形式,这使得投资效益呈现多层次的关系。固定资产或者生产能力是投资运动在建设阶段的产出,是投资效益的第一层次。固定资产交付使用后是投资运动的生产性阶段,而这个阶段的产出为生产的成果和固定资产的使用效果,投资与生产成果或使用效果之间的对比是投资效益的第二层次。这两个层次之间相互制约,作为投资效益的全部。在第一层次内,可以将投资运动分为多个阶段。而对于其他物质生产部门的效益而言,一般只具有一个大层次,即本部门的劳动消耗与生产成果之间的对比直接代表了该部门生产经营的效益。

2.投资效益具有有效性

投资效益具有有效性是"有益成果说"流派的观点,主要包含以下几层含义。①所有投资必须具有一定的固定资产。②形成的固定资产必须具有实用性和可被使用。对于非生产性的固定资产而言,其要具备可使用性和一定的价值;对于生产性固定资产而言,其要具备新的生产能力,并且可以创造出可被使用、具有价值的产品。③形成的固定资产必须是社会所需要的,即非生产性固定资产不仅可以被使用、具有价值,而且还能够在使用中发挥效益;生产性固定资产不仅要能够具备新的生产能力、衍生出具有价值的产品,而且产品的数量、质量、规格和种类均需要是社会所必需的。④不论是生产性投资还是非生产性投资,均需要以最少的人力、财力、物力来增加固定资产或者转换成最大的生产能力,并且

在投入生产或使用过程中,降低花费来获得更多的经济效益。

3. 投资效益具有全局性

投资效益的高度会直接对整个生产领域、国民经济产生影响。①投资效益会对企业的生产效益产生直接影响。在投资金额确定的情况下,项目建设过程中,生产能力、生产质量会直接影响企业的生产经营成本。②投资效益与国民经济密切相关。在国民经济收入稳步增长时,单位生产能力需要投入的金额,直接影响了内部建设投资与扩大现有企业的流动资金比例。

6.5　投资效益的衍生原理

项目投资是否成功,不仅与项目的投资决策有关,还与项目建成之后的运营模式有关。科学运营的关键是按照投资项目运营的规律来进行操作。在项目的成熟期,需要快速进行利润积累和回收,即回收投资,从而提高经济效益;当项目进入衰退期时,需要及时采取手段,转移或推出投资项目。

投资是为了有效地获取预期收益而进行资金投放或资源投放的一种经济行为。投资主体是资金的投放者,多为具有经济行为能力的企业。投资项目是资金投放的标的物品。从企业的角度来分析,投资需要讲究专业性,选用专业性的人才进行专业分析和管理。

投资是将货币转变为资本的过程。企业的投资行为是将企业作为投资主体,把资金、资源投放在某个项目上,用来追求未来资金收益的一个过程。企业为了长期发展,追求高利润,不断地进行项目投资、开发。项目投资行为是投资项目运作的一个过程。项目投资行为的特点是"四端两段"。"四端"即项目选择、项目建设、项目运营和项目改造。"两段"是项目选择和项目建设(即项目完成前)为一段,项目运营和项目改造(即项目完成后)为一段。项目选择主要包括项目的调查、选项、可行性论证、方案实施和资金筹集等;项目建设是指项目建设组织指挥机构、队伍建设、施工管理、培训以及竣工验收等一系列活动;项目运营是指项目完成建设之后正式运营,为达到预期的投资目标而进行的一系列生产、营销活动;项目改造是指对原有项目进行更新,分为项目的升级改造和项目淘汰。

6.5.1　投资项目的投资经营

投资运营指项目建成之后的一系列经营管理活动,是投资行为的主要活动,也是投资目的实现的关键。投资运营是一项系统的工程,是项目经营管理所有事项的一个有机体,主要包含以下内容。

1. 投资运营的方式

投资运营技术主要分为四大类:模式、目标、运作方式以及治理方式。模式主要包含运营理念、生产工艺、产品种类、销售服务、市场营销和市场经营等。目标主要包含产量、产值、销售计划、成本、费用、劳动、工作质量、客户和市场占有率等。运作方式主要包含人员、销售服务、组织形式等。治理方式主要包含组织、协调、反馈和监督等。

2. 投资运营周期策略

投资运营周期是指项目建设完成之后的运营生命周期。由于受到时间、市场环境和项目自身因素等的影响,投资项目在运营过程中会出现一个由兴至衰的生命周期。当项目运营进入上升期时,运营速度迅速发展,投资利润增加,需要快速收回投资成本。当项目运营经过上升期之后,项目运营基本趋于稳定,达到峰值,项目运营利润积累大,时间长,此时的对策就是利润积累。当项目运营进入衰退期时,项目的维护成本逐渐增加,项目利润逐步下降,甚至会出现亏损现象。运营周期需要根据项目的特点来进行确定,此时的策略是对项目进行改造或者退出项目。在此阶段不得犹豫,要迅速、果断作出决定,否则会直接影响项目的效益,导致项目投资出现亏损的现象。

3. 投资运营中的资本转化

投资资本是项目的资金支持,一旦资金投入项目,就会融入项目的各个方面,进行资本转化,从而形成有形的或无形的资本。项目投资资本转化方向主要分为两大类:效益形态和非效益形态。效益形态是投资效益的衍生体,是物化的资产形态;非效益形态是指项目在筹建过程中的费用,以及决策、行为等误差所造成的资产损失。投资效益主要分为三类:经济效益、市场效益和战略效益。经济效益是指经济性质上的投资效益,即项目运营过程中的资金收入可以直接转为投资收益。市场效益是指对市场的占有和影响程度。通常来讲,市场效益应

该提高项目的运营并将其转化为经济效益。战略效益是指项目在运营过程中所采用的战略技术。战略性具有前瞻性，也可以提高项目的运营先期性，并且由此获得超常的经济价值，将其转变为经济效益。经济效益不包含项目筹建费用、经营费用、资产折旧等投资效益。投资效益是投资者最终的追求。

6.5.2　投资与效益

投资项目是为了获利，但是，由于投资行为属于先期性的经济行为，在整个过程中存在诸多不确定因素，投资也是一种具有风险的经济行为，风险与获利同时存在。因此，投资和效益的选择就显得极其重要。

1.经济效益是判断投资成败的唯一标准

判断项目投资行为成败的标准是投资的经济效益。投资在操作层面的具体表现形式会直接决定投资是否成功。投资的适度与失度是指在项目选择过程中，规模、建设计划、运营等各方面是否符合市场、资金、资源的条件许可度。符合许可度将其称为适度，反之则称为失度。而投资的成败主要是通过投资项目运营后的经济效益来进行具体判断，从而实现投资的目的，产生预期的经济效益。若按期收回投资并且推动了投资主体的经济发展速度，则表明投资行为成功，反之，则视为投资行为失败。同时，投资成功与失败还存在相互转化，对于投资适度的项目，可能会因后期运营出现问题而导致投资失败，反之，对于投资失度的项目，也可能会因后期的良好经营而获得投资成功。

2.投资与效益的优化选择

投资行为的方案和方法较多，但其中必然只存在一种最佳方案。最佳方案的选择标准：与投资环境相适应、投资项目形成时间短、投资成本低、投资效益大、投资目标兑现率高。具体的选择方法如下。

（1）短时间内进入项目运营轨道。

项目在投资过程中，需要了解各级项目的实际运营情况，有针对性地采取措施，科学运作，减少项目筹备和建设时间；项目建设完成后，需要快速启动运营模式，推出新产品，迅速打入市场，加大产品促销力度，在最短的时间内构建项目运营态势。

（2）充分发挥和利用项目的功能。

项目的功能主要分为两类：一是自身功能，项目在设计、制作过程中的运作功能;二是延伸功能。我们应确保项目的运作功能能够被充分挖掘和发挥,产生项目延伸价值,并且形成投资效益。

(3)迅速扩大目标市场。

市场是实现投资效益的平台,也决定了投资行为的成败。因此,在项目建设完成之后,需要在短时间内占据市场,提高市场的占有率。一是借助多媒体平台或者促销活动来扩大产品的宣传力度,提高产品的市场认知度;二是展开业务攻关,建立良好的市场交易关系;三是制订市场战略,加强客户管理,迅速形成市场网络,加快市场的流通速度,最大限度地释放项目的市场效益。

(4)强化控制管理,做到利润最大化。

加强控制管理的目的是提高投入的产出比。在投资运作阶段,做好计划,合理运作,减少浪费,从而提高资金的投放优化率。在投资运营阶段,狠抓生产,把控质量;加强管理,提高产品的生产效率,降低成本,提高投入产出比。将产值增长作为龙头,将利润作为核心,加强目标管理,提高产品的销售率和利润率,从而使投资利润最大化。

第7章 市政建设工程项目后评价

7.1 市政建设工程项目后评价概述

建设工程项目后评价是指在一个项目建设完成后,对项目前期工作、项目建设完成后的经营管理情况进行调查研究,以确定项目的实际情况与规划目标之间的差距,确定项目规划是否准确,判断偏差原因,总结经验和教训,并通过及时有效的信息反馈,针对项目现状制订切实可行的对策和措施。这将有助于完善项目规划,提高项目实施和管理水平,加强项目监督,为完善项目管理等工作创造条件,最终提高项目投资效益。建设工程项目后评价是投资决策过程的重要组成部分,是建立科学化、程序化、民主化的投资决策管理体系的基础。它是建设项目管理的最后一个环节,也是项目决策管理的反馈环节。建设工程项目后评价工作可以完善投资决策管理,完善相关政策措施,提高科学管理水平,为今后类似项目的建设提供经验。

7.1.1 建设工程项目后评价的定义

建设工程项目后评价是指建设工程项目建成并投入使用后的评价,是对项目建设目的、实施过程、经济效益和环境影响进行全面、系统的分析和评价,旨在吸取建设工程项目发展的经验教训,做出科学、合理的决策,提高项目管理水平,提高建设项目效益。通过评估,检查项目是否达到预期目标,项目预期规划是否合理、有效,项目的主要经济效益指标是否完成,从规划、实施和运营过程中存在的问题等方面检查项目,分析成功或失败的原因,总结经验或吸取教训,为今后新的项目决策和提高建设项目决策管理水平提供参考。同时,针对项目运行中存在的问题提出改进意见,并讨论、采取有效措施,从而达到提高建设工程项目效益的目的。

7.1.2 项目后评价的作用

项目后评价对于提高项目决策的科学化水平,促进建设活动的规范化,弥补拟建项目从决策到实施、竣工全过程中的缺陷,改善项目管理,提高建设项目效益具有极其重要的作用。具体来说,项目后评价的作用主要体现在以下几个方面。

①总结项目管理的经验教训,提高项目管理水平。

②提高项目决策的科学水平。

③为国家建设项目规划和政策制定提供依据。

④为银行等金融机构及时调整贷款政策提供依据。

⑤在项目实施和建设项目决策中发挥监督作用。

⑥确保项目达到预定目标。

7.2　市政建设工程项目社会效益和影响后评价特征

本节以市政道路建设工程项目为例,对市政建设工程项目的社会效益和影响后评价特征进行讲解。城市道路是一个网络,其涉及面广,涉及的社会因素多,对国民经济的发展影响很大。因此,市政道路建设工程项目往往具有广泛的社会和经济影响,此类项目的社会效益和影响后评价具有以下特征。

1. 宏观性和区域性

公路建设工程项目产生的社会效益和经济效益主要集中在沿线和周边地区。社会效益和影响后评价主要分析项目对国家或周边地区经济社会发展的影响和贡献。所确定的评价目标涵盖社会发展的所有方面。因此,市政道路建设工程项目的社会效益和影响后评价应注重宏观效益。虽然市政道路建设工程项目在空间上通常表现为一条线,但其对社会经济发展的影响是以这条线为起点向周边地区辐射的。因此,在进行社会效益和影响后评价时,应考虑此类项目的区域特点。评价范围的任何偏差都会影响其准确性。

2. 主体和客体复杂

建设工程项目不仅要考虑其对自然人生存、发展和健康的影响,还要考虑其对区域公路网结构、资源利用、经济增长、生活质量等的影响。

3. 连续性和长期性

市政道路建设工程项目对社会发展有直接和间接的作用,但因其直接效益

不明显,所以主要是利用间接效益,即通过项目建设来改变人们生产、生活的所有流通环节。市政道路建设工程项目产生的实际间接效益可能非常明显,例如对提高人们生活质量的影响、对区域交通的改善,这些效益往往是市政道路建设工程项目社会效益和影响的主要表现,是影响项目决策的主要因素。市政道路建设工程项目的社会效益和影响往往需要 3~4 年甚至更长时间才能体现出来。在评价市政道路建设工程项目的社会效益和影响时,应注意其连续性和长期性。

4. 难以衡量社会效益和影响

市政道路作为一项重要的基础设施,对改善交通、促进交流具有重要意义。但是,衡量这种项目的社会效益和影响非常困难,主要是基于定性分析,结果的可靠性难以保证。

5. 方法不成熟,资料收集困难

国内对社会效益和影响的后评价尚未形成相对成熟的方法。收集市政道路建设工程项目的社会效益和影响的数据也很困难。

7.3 市政建设工程项目的后评价现状

基础设施建设项目后评价工作的意义,主要是通过总结项目投资管理的经验,为今后的建设投资指明方向,完善投资项目管理,为投资决策提供反馈信息,同时根据实际情况,提出有效的改进措施,促进更好地发挥投资效益。在工程建设管理过程中,竣工验收和工程后评价具有重要意义。但在实际情况下,我国政府投资项目管理仍存在"重建设、轻管理、缺乏示范"的现状。由于缺乏后评价工作内容,项目无法得到很好的监督和审查,项目实施中的一些隐患无法得到检查。国内市政设施投资项目后评价起步较晚。工程竣工后,大多只进行工程结算审核,然后交由政府管理部门验收使用,很少对工程进行深入系统的总结和评价。此外,缺乏必要的政策体系支持和科学合理的评价方法及指标,导致后续的评价工作进度滞后,甚至没有得到重视。我国不同的政府部门或机构的后评价起点不同,与后评价相关的政策和方法也不同。后评价内容和视角的不同,以及项目后评价理论研究的滞后,使得市政设施项目后评价实践难以开展。这就要求市政府投资项目评估中心,不断完善政府投资项目决策参考体系,提高政府投资效率,并设立直属设计机构,主要负责完成市政府投资项目的项目建议书、可行性研究报告,审查初步设计阶段的项目总概算,为发展和改革委员会项目决策提出建设性意见和建议。

7.3.1　国外后评价发展及理论研究现状

项目后评价起源于美国、英国等发达国家,其后加拿大、德国、丹麦和日本等发达国家为提高政府投资项目的管理水平,不仅开展了项目后评价工作,还成立了相应的后评价机构。发展中国家的项目后评价工作起步较晚,一些国际性援助项目开展了后评价工作,使得发展中国家的人们逐步了解到后评价的相关知识。后来,随着经济社会的发展和进步,项目后评价工作也日益被重视而发展起来,其中印度是这些国家中项目后评价开展相对较好的国家。

民众与政府的关注是开展后评价工作的前提。美国和加拿大能够从关注后评价以来不断地推动后评价研究和实践的发展,很大一部分原因是政府对后评价独立机构的支持以及针对后评价工作的立法。后评价从最初的单一财务后评价向财务、经济、环境影响、社会影响、可持续性后评价延伸。后评价成果的反馈是后评价工作的最后一个阶段,但也是最重要的一个阶段,英国政府把后评价结果保存在政府内部而不向公共领域公开,与其后评价工作实施的初衷相背离,而且也影响了其反馈系统作用的发挥,甚至影响了其整个后评价工作的开展。

另外,由于大部分发达国家预算中都有一部分资金用于第三世界投资,这些资金的使用由一个单独机构来管理。各国会设立从事投资项目后评价工作、部门和地区的评价、综合性分析和后评价研究的独立后评价机构。这些后评价工作对于后评价的发展起到了很大的推动作用,也使发展中国家的项目后评价从无到有,得到了长足的发展。目前许多发展中国家建立了后评价机构,并从最开始配合世界银行或亚洲开发银行进行部分项目的后评价,扩展到现在负责开展政府投资项目的后评价,项目后评价的目标范围不断扩大,评价体系日益完善。但这些国家的项目后评价机构多数隶属于政府或属于挂靠部门,相对独立的组织机构和评价体系尚未形成,项目后评价结果并不令人满意。

总之,无论是纯理论研究,还是实证研究,国外项目后评价目前仍处于各种理论研究与方法应用的探索阶段,主要存在以下特点。

①项目后评价方法和使用范围的增加,推动了后评价的理论和方法的发展。

②随着对后评价反馈作用的强调,其监督作用也越来越重要,从而促使项目后评价成为一个完整的管理循环和评价体系。

③与传统方法相比,对项目宏观及微观的成本-效益分析方法应用更广泛。

④后评价内容从单一化向多元化发展，从单一的财务后评价及国民经济后评价，向经济、社会、环境以及可持续性等方面发展。

⑤后评价所涉及的对象日益增多，评价内容更加丰富，多学科相互交叉应用，方法也从单一的定性分析发展为定性与定量分析相结合，后评价理论发展为构建政府投资项目后评价理论提供了思路。

7.3.2　国内后评价发展及理论研究现状

中国的投资项目后评价起始于 20 世纪 80 年代中后期。1986 年末，原国家计划委员会对外经贸局与世界银行评价局在北京市联合举办了后评价学习班，该学习班主要目的是建立我国世界银行贷款项目后评价相关制度，从而推进我国建设项目后评价制度的建立，但是在实际开展过程中，由于种种原因，成效不大。1987 年完成的京秦铁路项目后评价，属于我国最早开展的后评价工作之一。1988 年底，原国家计划委员会下发的《关于委托进行国外贷款项目后评价工作的通知》中指出，为了对利用境外贷款项目的实施效果进行检验和系统总结，需在已完成的项目中选几个项目进行后评价，等取得经验后再推广，从而建立后评价制度，同时文中还对后评价的主要内容和做法进行了阐述，这也是我国政府下达的有关后评价工作的第一份文件。

随着我国投资机制改革的进行以及投融资模式的多样化，政府部门以及各行业予以项目后评价越来越多的关注，后评价工作也得到了进一步的发展。我国逐渐对国家重点建设项目、国际金融组织贷款项目、国家银行贷款项目、国家审计项目和所属各行业部门的项目进行了项目后评价。其中，各行业部门的项目主要包括水利建设项目、铁路项目和市政道路项目等。部分地方政府也开展了政府投资项目后评价试点工作。2007 年，厦门市发展和改革委员会、厦门市监察局选择该市"农村供水一、二期工程"作为开展政府投资后评价工作的试点，并于 2008 年进一步扩大试点。此外，国家发展和改革委员会于 2009 年 1 月 1 日起开始实施《中央政府投资项目后评价管理办法（试行）》。

20 世纪 90 年代初，我国开始开展公路建设项目的后评价工作。1990 年 3 月，原交通部下达《公路建设项目后评价报告编制办法（试行）》，之后根据第一批道路后评价的研究结果，于 1996 年印发了《公路建设项目后评价工作管理办法》与《公路建设项目后评价报告编制办法》，此办法是我国公路建设项目后评价工作的主要研究成果。关于项目社会效益与影响评价，1983 年原国家计划委员会颁布的《关于建设项目进行可行性研究的试行管理办法》中将社会效益与影响评

价内容列为建设项目可行性研究报告的内容之一。1989 年,原国家计划委员会
与原建设部标准定额所联合成立了有关投资项目的"社会评价课题组",主要针
对我国重点项目的社会效益评价开展系统研究。1990 年,该课题组邀请我国
农、林、交通运输、工业、城市基础设施及社会公益事业等各部门专家,针对我国
开展项目社会影响评价及社会效益与影响评价的内容和方法展开讨论。1996
年,原交通部修订颁布了《公路建设项目后评价工作管理办法》与《公路建设项目
后评价报告编制办法》,其中关于公路建设项目进行社会经济影响评价的内容都
有明确提出。由于社会影响评价的复杂性,以往的项目后评价大都是从过程、经
济、环境等方面进行评价,一般缺乏全面的社会影响评价内容。目前,我国道路
建设项目社会效益与影响评价着重对道路建设带来的直接效益进行评价,对于
间接效益只作简单的定性描述或对比分析,没有定量分析。近年来,由于生态环
境日益恶化,道路建设后评价越来越重视项目所带来的社会效益和环境影响,研
究的重点也逐渐从直接的经济效益向间接的社会效益转变。

　　后评价的研究文献很多。1988 年《中国基本建设》首次开设"后评价"专栏,
公开发表了第一份项目后评价报告——"武钢一米七轧机工程后评价报告"。伴
随着后评价工作的开展和后评价理论研究的深化,我国出现了大量关于后评价
研究的著作与文献,具有一定影响的著作有《建设项目后评价理论与方法》(任淮
秀、汪昌云)、《公共投资后评价》(金立群)、《项目后评价》(张三力)、《投资项目后
评价机制研究》(姚光业)、《投资项目后评价》(姜伟新、张三力)等。也有基于具
体工作的相关规定,例如原交通部于 1996 年 12 月 31 日发布的《公路建设项目
后评价工作管理办法》和《公路建设项目后评价报告编制办法》(交计发〔1996〕
1130 号),国家发展和改革委员会下发的《国家发展改革委关于印发中央政府投
资项目后评价管理办法(试行)的通知》(发改投资〔2008〕2959 号)等。国内后评
价研究可以分为以下三个方面。

1. 后评价理论与运行机制的研究

　　这一部分着重于对后评价的重要性、理论基础、定义及存在的问题进行研
究。在政府投资项目后评价研究方面,唐学文等人在分析和研究国内外后评价
方法和理论的基础上,从加强政府投资项目监管的角度论述了政府投资项目后
评价的重要性和作用;张飞涟、郑颖等人对城镇市政设施投资项目后评价研究的
内容体系及研究方法进行了研究。

2. 后评价内容研究

国内学者对后评价内容的划分虽然不尽相同,但是基本类似,大致可以分为过程后评价、效益后评价、影响后评价三个方面。

(1)过程后评价。

过程后评价研究集中于过程评价指标体系的构建及分阶段后评价研究,例如张飞涟、崔浩等人对项目过程评价指标体系进行了研究。

(2)效益后评价。

效益后评价包括财务评价和经济评价(国民经济评价),我国对前者的研究较多,禹莉、王玉森、李岚、许长新就财务管理在建设项目后评价中的应用进行了研究。国民经济评价方面的研究大多着重于指标体系的构建,如杨灿、许宪春对我国国民经济核算体系进行了回顾与展望,顾海军等人构建的指标体系包含经济福利评价指标和循环经济评价指标,姚友胜、郑垂勇、徐尚友通过借鉴"增值法"的报告相关原理,在公共项目经济评价中引入了宏观指标。

(3)影响后评价。

影响后评价主要包括经济影响后评价、社会影响后评价以及环境影响后评价。经济影响后评价主要是对影响因素、方法及实证的研究。近年来,对环境影响后评价的研究较多:李彦武等人从理论上探讨了环境影响后续评估机制建设的必要性;高晓蔚从我国基本建设项目的现状出发,以环境效益影响后评价为切入点,提出了相应的解决思路和方法;郭永龙研究了方法与步骤,张飞涟等人提出利用 GIS 的图形叠置法对城镇市政设施投资项目进行环境影响后评价;杨日辉等则采用层次分析法与多层次模糊综合评价法相结合的评价模型来评价公路路网后评价中的环境影响等。对于社会影响评价的研究,主要包括基本概念的探讨、社会后评价内容及指标体系的构建、社会效益的定量化等。

3. 后评价方法研究

一般情况下,不同的单项后评价内容具有不同的后评价方法。童文胜、曾祥云、倪枫杰等人对各种后评价方法进行了总结研究。综合后评价是对所有内容进行的复合式评价,综合后评价研究包括综合后评价方法及应用的研究,这方面的研究如下:徐念榕、许长新探讨了综合评价方法;郭多柞、赵斌等探讨了综合评价法在工程后评价中的应用;查健禄运用模糊数学思维,对包括软指标的综合性评价进行了系统分析;吴永林的研究则表明,神经网络不仅可以避免评价中的人为失误，还可以模拟专家管理信息系统对项目进行综合评价；姜连馥、石永威研究了权重系数的确定方法。归纳以上研究，可以将综合后评价研究趋势总结为以下几个方面：对现有综合评价方法加以改进和发展；将几种综合评价方法综合运用；探索新的后评价基本方法；利用相关先进科学技术方法，将综合评价方法构建为集成式智能化评价系统。

综上所述，目前我国后评价的理论研究取得了一定的研究成果，但已有的成果对项目后评价指标体系、内容、方法等的规范性、科学性和可操作性研究深度不足，对社会后评价的研究与实践和过程后评价的理论研究基本处于探索阶段。总体而言，我国尚未形成关于项目后评价的较完整的理论、方法及应用的知识体系，对政府投资项目后评价理论与方法的系统研究也不够深入。

7.4　市政建设工程项目后评价存在的问题及启示

7.4.1　市政建设工程项目后评价存在的问题

与其他建设工程项目相比，市政道路建设工程项目不仅能产生直接效益（如提速、缩短里程、提高舒适度、降低成本），还能产生宏观社会经济效益，如带动和促进其他相关产业部门的发展。多年来，虽然国内外交通运输工作者一直在努力研究相关的后评价问题，但由于没有实用的计算理论和方法，他们往往忽视了计量项目的间接社会效益和经济效益，即项目的社会经济贡献。造成这种情况的主要原因是间接效益难以量化，而这部分效益的体现具有潜在性和长期性。

在市政基础设施建设工程项目后评价方面，我国虽然开展了一些工作，积累了一些经验，但工作范围相对狭窄，无法对改善宏观项目决策和管理起到有效的反馈作用。与国外相比，国内虽然取得了一些重大项目后评价的成功，建立了相应的评价体系，也逐步摸索出了一些适合中国国情的基本评价内容和方法，但目前我国后评价工作特别是基础设施后评价工作仍处于起步阶段，主要存在以下问题。

1. 组织机构和执行机构的后评价

目前，我国项目后评价尚未纳入项目基本管理程序，缺乏对政府投资项目的后评价研究。目前，我国还没有建立有效的后评价体系，没有有效的管理机制，

没有统一的后评价组织机构和要求,也没有能够适应市场经济体制要求的后评价实施机构。

2.缺乏后评价资金

政府投资项目的后评价工作需要投入一定数量的资金,资金来源可以纳入项目预算中的项目总投资,可以按总预算的一定比例计算;还可以为政府投资项目设立单独的后评估基金,在每年的市(或省)财政基础设施预算内安排一定数额的资金用于后评估。但政府投资项目长期以来"前期重、后期轻"的管理体制,使得决策者普遍认为,经过评估后很难产生投资回报,对评估后的功能所能产生的效益认识不足,因此不愿意在项目评估后追加一定的资金,弥补资金缺口。

3.尚未建立后评价信息系统

基础设施建设项目后评价可以从各个方面总结项目投资管理的经验,为未来的投资决策收集信息,完善投资项目的管理和明确投资方向,并根据实际情况提出积极有效的改进措施。后评价信息系统的建立主要是对后评价结果的收集和分析。建立后评价信息系统,可为今后类似项目的决策、建设和管理提供指导和参考。目前,我国尚未建立完善的后评价信息系统,信息无法扩展,不利于未来项目的实施。

4.后评价方法和指标不明确

由于基础设施建设项目的性质和特点不同,后评价的方法和指标也不同。中国基础设施建设项目的后评价主要集中在项目的财务方面。整个项目的后评价体系不完善,评价方法相对落后。对于政府投资的市政道路建设工程项目,在选择评价指标时,是应该选择经济评价指标,还是应从项目宏观和微观目标的实现程度来看,增加项目对沿线城市建设发展和经济发展的影响等评价指标呢?这些都将直接影响到项目的评价结论。由于上述问题无法明确界定,尤其是评价指标、方法等受限,很多项目实施后的评价工作只是浅显的。

7.4.2 对城市建设项目后评价的启示

(1)我国的项目后评价发展起步较晚,至今还未完全建立起较为全面、系统的项目后评价体系机制,但项目后评价无疑是项目管理中较为重要的一部分,对于我国城市建设的健康发展有毋庸置疑的重要作用。国际经验表明,项目后评价的规范化、制度化的发展,需要相应的政策和立法的支持,将项目后评价作为项目管理的重要程序之一,研究全国性的项目后评价政策是促进我国城市建设健康发展的必要保障。

(2)目前,我国后评价机构的建设还不完善,而现有的后评价机构又同时负责项目规划、设计和组织实施,这种现状和格局有损于后评价的客观性和公正性,使后评价难以发挥其应有的监督、指导和提高作用。因此,国家建立起较为完善的后评价机构,会对省、市、县的城市建设发展发挥重要作用,可以及时、有效地反馈信息,提高未来新项目的管理水平,提出改进意见和建议,从而提高城市建设的综合效益。

(3)后评价的反馈以及对反馈的使用,是后评价发挥效果和作用的一个重要环节,而及时、有效地反馈信息,是查找项目成败原因、总结经验教训的重要材料。有效的项目后评价的信息反馈机制,是后评价结果在将建或已建的项目在城市建设中是否采纳或应用的有效保证。由此可见项目后评价反馈机制的重要性,因此,建立城市建设项目后评价反馈机制,可以提高后评价的使用效率,以及保证城市建设项目的可持续发展。

7.5　市政建设工程项目后评价工作方法及机制

目前,我国相关行业和部门开展的后评价工作,因行业背景和项目特点不同,后评价的目的、内容、程序和要求等也不尽相同。城市建设项目后评价工作应在项目后评价这个大范围内,结合市政项目的建设环境、资金来源、实施特点等情况,根据后评价工作实施的目标、具体成果要求来综合确定。我国当前的后评价研究及应用特点,主要放在项目投资的效益评价上,评价的内容仅限于经济和财务,对生态环境影响和经济效益评价涉及较少,评价方法也相对简单,理论研究和评价内容都不够完善,因此,城市建设项目后评价研究应进行相对有特点及较为全面的研究。其内容体系应包括项目建设过程评价、经济效益评价、社会评价、环境影响评价和目标可持续性评价五个方面。

1. 建设过程评价

①项目决策过程评价:对项目决策时所处的环境、决策依据和决策程序进行回顾,对照后评价时点的状况进行分析,评价项目决策的必要性、合理性和科学性。

②项目前期工作评价:评价内容包括项目的组织管理机构、项目勘察、初步设计和施工图设计情况、项目征地拆迁工作情况、招投标工作情况等。

③项目实施评价:通过对项目前期的施工组织计划和数据进行对比,对施工组织情况、施工水平、施工技术、施工质量、施工进度、项目控制等目标的完成情况、竣工验收结论等进行评价。

④项目运营评价:对后评价的运营状况及配套设施、运营管理机制的调查,与决策时的预测数据进行比较,评价项目实现建设目标的程度,分析项目决策依据的科学性。

2. 经济效益评价

①国民经济评价:根据有关技术经济的要求,以及项目建成运营以来的实际数据,对项目的经济效益作出评价,将评价指标与前期评价的相应指标进行对比分析。

②财务评价:通过前后对比法分析差别与原因,对项目建设的经济合理性进行分析和论证。

3. 社会评价

①社会影响评价:评价项目对区域和行业的经济、社会、文化以及自然环境等方面产生的影响。

②社会公众评价:通过公众参与的方式对项目进行评价,用以获得社会公众对此建设项目的意见和建议,以此为基础进行社会公众评价。

③社会风险分析评价:对项目实施过程所面对的具体社会条件、社会风险进行分析和评估,用以提高前评价分析的水平和能力。

4. 环境影响评价

环境影响评价即对项目建成后影响区域的生态、大气、环境、噪声的变化情况进行分析,并对项目景观进行评价。

5. 目标可持续性评价

对照项目立项时确定的目标,分析项目目标的实现程度,评价与原定目标的偏离程度,根据其对城市建设可持续发展的影响,评价项目的可持续性。

城市建设项目内容复杂,涉及面广,评价过程会产生大量的数据处理工作。

单纯依靠手工或者简单的计算处理，显然无法从效率和准确性上满足要求，根据上述评价机制及方法，我们可以将计算机技术运用到后评价中，收集大量的评价数据、参数、指标，包括文本、图纸、多媒体数据等，通过系统界面和系统功能下的数个子项目功能，也就是上述的五大评价项目，对城市建设项目进行后评价工作，这样可以提高后评价的工作效率，避免一些关键数据的丢失，为相关决策提供必要的参考依据。

　　城市建设项目后评价是对已完成项目的目的、执行过程、效益、作用和影响所进行的系统、客观的分析，通过项目活动实践的检查和总结，确定项目预期的目标是否达到，项目或规划是否合理有效，项目的主要效益指标是否实现，通过后评价找出成功或失败的原因，总结经验和教训，及时、有效地反馈信息，为未来城市建设项目的决策和提高、完善投资决策管理水平提出建议，同时也为后评价项目实施运营中出现的问题提供改进意见，从而达到提高投资效益的目的。而将计算机技术运用到城市建设项目后评价中，可以促进项目后评价工作的科学化、规范化，更可保障项目后评价成果的反馈和有效利用。

第8章 市政道路建设工程项目社会效益与影响后评价指标体系

8.1 市政道路建设工程项目社会效益与影响后评价指标体系概述

社会效益与影响后评价一般是指以各项社会政策为导向,针对社会发展各项目标进行的后评价。其后评价指标体系是对建设项目社会效益与影响分析和评价的根本依据,也是全面反映项目本身及其对所在区域影响的系统性评价指标。目前,我国市政道路建设项目的社会效益与影响后评价尚未形成统一的评价指标体系,评价方法和指标在以往的评价中也都不一样,以定性分析为主。

市政道路建设工程项目的后评价是指通过对已完成并投入使用的项目进行客观、系统的分析,对项目的建设目标、项目规划、项目实施过程、项目主要实现的效益和影响等指标进行归纳和评价。项目后评价在提升政府投资决策科学性的同时,可提高管理水平,对项目起到一定的监督作用。

8.1.1 市政道路建设工程项目社会效益与影响后评价指标

市政类项目大部分属于政府投资范畴。市政道路建设工程项目社会效益与影响后评价是指在道路建成运行一段时间后,从全社会角度,对其影响区域的经济发展、社会进步、环境影响、国防安全、自然资源利用及自然与环境等方面的影响进行系统的分析和评价。由于涉及因素多、指标结构复杂等问题,大多评价难以定量。虽然个别指标可以定量分析,但单个影响指标不能全面反映项目的社会影响,且由于资料缺乏,一般只能模糊估计。因此,整个评价过程存在许多随机性、模糊性和不确定性。目标项目对其所在区域及沿线地区的社会影响、所产生的社会问题、自然生态环境问题以及利益相关者都是项目社会效益与影响后评价的重要内容,结合我国现状,主要从对社会环境的影响、对区域发展的影响、对自然资源和生态环境的影响、对项目所在地居民的影响等方面对市政道路建设工程项目进行社会效益与影响后评价。

1. 对社会环境的影响

（1）对政治和社会保障的影响：主要是指对当地政治稳定、社会保障和社会结构的影响。

（2）对社会文化教育的影响：主要是指对当地文化娱乐、教育设施、学习生活、宗教信仰和道德规范的影响。社会文化教育是重要的公益事业，关系到亿万人民的切身利益。

（3）对城市形象的影响：市政道路的建设可以对提升城市及其区域的整体形象起到积极作用。

2. 对区域发展的影响

（1）对进一步改善城市基础设施的影响：包括对改善配套服务措施、基础设施、住房、生活供应方式和生活环境等的影响。这是衡量市政道路建设工程项目对区域发展影响的重要指标之一。

（2）对区域土地资源开发利用的影响：包括土地占用和开发现状、项目建设对周边土地使用价值的影响，以及对周边地区开发建设的影响。市政道路的建设对土地价值有重要影响。周边地区的开发建设也与交通系统密切相关。

（3）对服务水平和城市化进程的影响：项目建设可以对沿线资源开发、横向经济联合和招商引资发挥积极作用，并通过该项目的建设来促进当地经济的发展，使劳动力从其他地区转移到这一地区，从而推动城市化进程。

（4）对城市旅游发展的影响：市政道路的建设为促进当地旅游业的发展提供了有利条件。

（5）对城市产业分工和集群发展的影响：合理的产业分工和集群直接影响到社会总供求的平衡。市政道路建设对城市产业分工和集群发展起着非常重要的作用。

3. 对自然资源和生态环境的影响

（1）对节约自然资源的综合影响：包括对占地的影响，如占地面积（耕地占用面积、耕地复垦面积等）；对水资源、矿产资源、海洋资源等自然资源合理利用的影响。

（2）对环境质量的影响：包括对大气环境质量、水环境质量、声环境质量，以及景观、绿化、园林、气候、环卫等生活环境的影响。市政道路投入使用后，交通噪声和车辆排放的污染物将污染道路沿线的环境。根据道路两侧的污染状况和交通污染源的特点，结合交通噪声的监测和分析结果，可通过测量氢氧化物和一氧化碳的浓度来评价该指标。

（3）对自然景观的影响：包括项目规划设计与自然景观和历史风貌的协调统一、自然植被的破坏和文物保护措施。定性方法可用于评估建设项目对自然景观的影响和影响程度，以及评估是否采取保护措施和保护措施的实施效果。

（4）自然环境污染控制：包括项目建设产生的废水、废气、废渣、噪声和水土流失的控制措施及实际效果评价。

4. 对项目所在地居民的影响

（1）对居民出行的影响：出行时间关系到每个人的切身利益，也是构建和谐社会的重要组成部分。建设市政道路网可以逐步形成安全、便捷、舒适的公交系统，优化线路结构，提高线网接入深度和服务水平，可以逐步缓解城市交通压力，满足群众需求，缩短出行时间。市政道路的建设可以大大减少辐射区居民的平均出行时间。

（2）对居民生活质量的影响：生活质量的提高与社会经济的发展密切相关。市政道路建设工程项目在提高该地区居民生活水平方面发挥着重要作用。它主要包括对居民医疗保健、社会福利、社会保障、公平分配和生活方式的影响。

（3）对居民就业的影响：项目建设对区域居民就业的影响主要是直接影响和间接影响。直接影响是指项目建设和运营期间（包括道路建设和维护、车辆收集、交通管理等）就业的直接增加。间接影响是指项目正式投入使用后，由于实施与项目相关的所有配套项目（如餐饮、加油站、道路维护、汽车维修店、交通管理等）而增加的间接就业人数。

（4）对常住人口的影响：包括项目建设对人口增长和人口分布的影响。

8.1.2　市政道路建设工程项目的社会效益分类

根据社会效益产生的特点，可将市政道路建设工程项目的社会效益简单分为以下几类。

（1）直接经济效益：项目的实施对区域内经济效益的贡献。

（2）间接效益：项目的建设改善了区域交通状况，提高了车辆行驶速度，缩短了居民出行时间,提高了信息传递效率,从而间接促进了经济发展。

(3)长远效益:项目的实施提高了区域竞争力,在未来可能吸引更多的投资,推动地方产业发展。长远效益具有显现时间长、初期效应不明显等特点。

(4)潜在效益:潜在效益不直接表现为数字,它是无形的效益。市政道路建设工程项目的潜在效益主要表现为:能使区域交通便利、开阔视野、增进交流、培养情操等。

8.1.3　市政道路建设工程项目社会效益与影响后评价发展趋势

目前,市政道路建设工程项目社会效益与影响后评价已呈现出以下发展趋势。

(1)由分散、零碎向具有明确的法律和系统的管理化发展。

(2)由单一性向多元化发展,从单一性的财务评价向包括财务评价、建设过程评价、经济效益评价、环境影响评价、社会影响评价等综合后评价的多元化发展。

(3)往全过程评价方向发展。早期的项目后评价工作只对项目完成后的效果或影响进行评价,对项目决策后的建设实施阶段的评价较少。而随着实践的深入和不断的认知,后评价已不仅仅局限于项目后评价,其还包括项目的决策评价、项目的前期工作评价、项目的实施评价、运营评价等全过程、科学、系统的评价管理监督体系。

(4)政府部门的项目后评价职能日益减弱,而立法部门的后评价职能不断加强。这一发展趋势有利于促进后评价的科学发展和自身的可持续发展及完善。

基于项目后评价的城市建设项目后评价同样如此。城市建设项目后评价通过收集、分析、整理与项目后评价时点有关的实际数据、资料,与项目决策时确定的目标以及技术、经济、环境、社会指标进行对比,评价投资预期的目标是否达到、项目或规划是否合理有效、项目的主要效益指标是否实现。建设项目后评价可以帮助我们分析情况,分清原因,根据不同情况采用相应的方法进行处理。对效益好的项目,我们可以总结经验,为以后类似项目的决策提供参考;对未达到预期效益目标的项目,分析原因,制订相应的改进措施,使其尽快提高效益;对近期无法实现效益的项目,分析具体情况,可改变其原定用途,寻找补救措施,使其发挥作用。

8.2　市政道路建设工程项目社会效益与影响后评价指标体系的建立原则

后评价指标体系的建立是项目后评价的核心步骤,是社会效益与影响评价的依据和基础。指标体系是综合反映项目投资状态、发展趋势的一组具有内在联系的指标。指标体系的结构是项目性质和数量的集中表现,其科学性和权重设计的合理性直接决定了项目综合评价结果的质量。市政道路建设工程项目社会效益与影响后评价指标体系的建立应遵循以下原则。

1. 全面性和针对性原则

社会效益与影响后评价指标体系应从全社会角度出发,结合项目所在区域的社会及经济发展状况、产业布局、居民就业趋势等考察道路所产生的正面或负面影响,从而全面反映市政道路建设工程项目从前期立项、设计、施工、竣工验收到交付使用后的社会效益与影响状况。同时,应重点梳理和分析关键问题所在,选择具有代表性的指标,能准确、清晰地反映实际情况,突出评价效果。

2. 定性评价与定量评价相结合原则

在进行社会效益与影响后评价时,应在定量评价的基础上,适当考虑专家的意见和经验,结合专家的定性评价,做出科学评价。

3. 层次性原则

社会效益与影响的后评价指标体系相对复杂,该体系可分为若干个子系统,针对不同层次,采用不同指标,确保结论的科学性,为职能部门的决策提供可靠的依据,从而对社会经济发展进行相应调控。

4. 科学性和独立性原则

社会效益与影响的后评价指标应以科学为基础,概念清晰明确,定性分析辅以定量分析,使定量分析更科学、客观。另外,为获得客观、真实的评价,指标应相互独立、内涵清晰,指标间尽量不相互重叠。为了确保指标的独立性,通常不采纳相关性大的指标。

5.可行性和适用性原则

评价指标体系应具有技术可行性和量化可能性,符合客观实际水平,具有可测性。指标体系能对项目进行定性和定量的综合分析与评价。同时,评价指标能利用已有的统计数据及调查方法确定,具有适用性,便于操作。市政道路社会效益与影响后评价指标主要来源于已有资料的搜集,其中以《建设项目社会评价研究——理论与实践》(陈琳、谭建辉)为基础,该书提出社会效益与影响评价指标体系由对社会环境的影响、对区域发展的影响、对项目所在地居民及弱势群体的影响、对自然资源的影响、对区域科教卫体的影响五方面组成。每一种影响由若干个子指标组成。

8.3　市政道路建设工程项目社会效益与影响后评价方法

市政道路建设工程项目社会效益与影响后评价属于多指标综合评价,涉及的因素较多,且各因素的描述方式也不同。目前国内外常用的市政道路建设工程项目社会效益与影响后评价方法有逻辑框架法、比较评价法、层次分析法、模糊综合评判法。

8.3.1　逻辑框架法

1.逻辑框架法的概念

逻辑框架法(logical framework approach,LFA)是将一个复杂项目的多个具有因果关系的动态因素组合起来,用一张简单的框图分析其内涵和关系,以确定项目范围和任务,分清项目目标与达到目标所需手段的逻辑关系,以评价项目活动及其成果的方法。

2.逻辑框架法的层次

逻辑框架法汇总了项目实施的全部要素,把目标和因果关系划分为4个层次:目标(影响)、目的(作用)、产出(结果)、投入(措施)。

(1)目标:通常是指具有宏观性、高层次性的目标,即宏观计划、规划、政策和

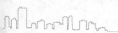

方针等,该目标可通过几个因素实现。宏观目标一般超越了项目范畴,通常是指国家、地区、组织或有关部门的整体投资目标。这个目标的确定要与国家发展目标相联系,同时应符合国家行业规划、产业政策等要求,一般由国家或行业部门负责。

(2)目的:是指实施这个项目的原因,是项目的直接效果和作用,通常比较具体。目的一般应考虑目标群体的利益(项目能为目标群体带来什么),主要是来自社会和经济方面的效益。目的一般由独立的评价机构确定,所用评价指标由项目本身来确定。

(3)产出:是指项目完成后,得到的结果和获得的成绩,即项目建设所带来的成果或投入的产出物。通常应提供量化的直接结果,并应指出项目建设所交付使用的实际工程(如铁路、港口、城市服务设施、输变电设施等),或改善机构制度以及政策法规等。在分析时,应注意产出与项目的目的或目标之间不可混淆。

(4)投入:是指项目的实施过程及支付内容,主要包括资本、资源、劳动力和时间等要素的投入量。

3.逻辑的因果关系

(1)垂直逻辑的因果关系:用来分析和阐述各层次的内容和上下因果关系。项目的目标一般由多项具体目标构成,每个具体目标的实现又需要各个子项目完成若干项具体的投入和产出活动。

(2)水平逻辑的因果关系:主要通过验证指标和方法来衡量项目的资源和成果。水平逻辑与垂直逻辑中的各层次目标对应,对各层次的结果进行具体说明,主要构成要素为验证指标、验证方法以及重要的假定条件等。

4.逻辑框架法的应用

逻辑框架法不仅仅是一个分析程序,更是一种系统且综合的研究、分析问题的思维框架。该方法有助于系统且合乎逻辑地分析关键问题。

8.3.2 比较评价法

1.比较评价法的概念

比较评价法是把项目产生的实际效果与项目立项初期确定的建设目标、产出、影响及其他指标比较,找出变化和差距,同时分析原因,以得出项目的评价结果。比较评价法主要包括前后对比法和有无对比法。前后对比法是将项目实施前与项目完成后的情况进行对比,以评价项目的一种方法。前后对比法是指将项目可行性研究阶段(即"前")的预测结论以及初步设计阶段的相应指标,与项目实施后(即"后")的运行结果进行比较,以发现偏差并分析原因。有无对比法是将项目实施后(即"有")的运行结果与无项目实施(即"无")可能出现的状况进行对比,从而分析和确定项目的效益与影响。对比法则是项目过程评价应遵循的原则。

2. 比较评价法的应用

前后对比法操作相对简单,是一种常见、基础的方法,主要用于揭示计划、决策和项目实施的质量,以衡量项目的效益和影响。有无对比法可以找到项目实施后对当地社会、经济和环境等方面所发挥的作用和影响,评价结果相对准确,但该方法的应用难点在于其需要大量的数据及一个相对合理的参照区。

8.3.3　层次分析法

1. 层次分析法的概念

层次分析法是由 T. L. Satty(美国著名的运筹学家)等人在 20 世纪 70 年代提出的,通常简称为 AHP(the analytic hierarchy process)。层次分析法是将定性分析与定量分析相结合的一种决策方法。它首先将决策问题的相关因素进行分解,形成目标层、准则层及方案层等,并以此为基础,进行定性分析与定量分析。该方法把人类思维进行了数量化和层次化,为定量分析、控制、决策提供了依据。

2. 层次分析法的特点

层次分析法需要在深入分析复杂问题的本质及内在联系与影响等因素的基础上,建立一个层次结构模型,运用有限信息把复杂的决策过程数量化,用多层次模型把人的主观判断用数量形式表达,是一种直接且快速的方法。该方法适用于那些对决策结果难以准确计量、人的定性判断起重要作用的项目,这是一种有效的系统分析和科学决策方法。

3. 层次分析法的步骤

在对市政道路建设工程项目进行社会效益与影响后评价时,层次分析法一般可分为 5 个步骤进行。

(1)明确问题。在进行市政道路建设工程项目社会效益与影响后评价时,应先明确评价的主要问题。界定问题范围内包括的因素、各个因素间的相互关系、所需要的解答、所掌握的信息是否充分,这些都将直接影响评价结果的有效程度。

(2)运用层次分析法对市政道路建设工程项目进行分析,梳理系统中各因素之间的关系,构造一个递进层次结构模型,模型应充分反映系统属性及内在关系。分析、明确系统涵盖的所有因素,组合具有同一属性的因素,形成递进层次结构模型中的一个层次。属于一个层次的元素在受到上一层次元素制约的同时,也对下一层次元素起到制约作用。依此方法类推,按照最高层、中间层和最低层进行排列,构造出一个层次结构模型。AHP 的结构层次一般有序列型和非序列型之分。

(3)同一层次的各元素与上一层次中准则的重要性进行比较,构造出两两比较的判断矩阵。层次分析法要搜集一定的信息量,这些信息来自专家组或项目决策层人员对各层次所含因素相对重要性的判断,用数值表示这种判断,并写成矩阵形式,从而建立判断矩阵。层次分析法应用程序结构来解决社会和市政道路建设问题的关键步骤就是判断矩阵的确定。

(4)由判断矩阵计算被比较元素对于该准则的相对权重,进行层次排序,并对其进行一致性检验。排序计算的关键是计算判断矩阵的最大特征值及相应的特征向量。

(5)计算各层次元素对系统目标的合成权重,并进行层次总排序及一致性检验。按照递进层次结构由上至下的顺序逐层进行计算,计算出最低层各元素对于目标层的相对重要性或相对优劣的排序值,即层次总排序。对层次总排序进行一致性检验,从高层到低层逐层检验。

4. 层次分析法的应用

层次分析法展现了人们决策思维分析、判断和综合的基本特征,充分实现了主观判断和思维过程的模型化、系统化和数量化。该方法会因人的主观意志不同而不同,评价人员的专业知识结构、业务水平高低等都会影响最终的分析结果。

8.3.4　模糊综合评判法

1. 模糊综合评判法的概念

模糊综合评判法是应用模糊数学原理,把不易定量、边界模糊不清的因素量化,并根据量化因素对目标层隶属度等级情况,进行综合评判的方法。

2. 模糊综合评判法的应用

模糊综合评判法具有系统性强、结果清晰的特点,在判断指标时存在一定的模糊性,且具有多种类、多层次指标进行分析及评价的功能,符合社会效益和影响后评价指标的定性分析特征,能够从社会、经济及环境等方面对项目作出比较客观的评价。

第9章 市政道路投资项目财务后评价指标

9.1 经营性市政道路投资项目财务后评价基本指标

经营性市政道路投资项目财务后评价基本指标见表9.1。

表9.1 经营性市政道路投资项目财务后评价基本指标

类型	名称	取值范围	分析
盈利能力指标	净现值(NPV)	$\geqslant 0$	对政府、银行和社会投资者同等重要
	内部收益率(IRR)	$\geqslant i_c$	对政府、银行和社会投资者同等重要
	投资回收期(P_t)	$\leqslant P_c$	对政府、银行和社会投资者同等重要
偿债能力指标	借款偿还期	在债权人限定期限内	对政府、银行和社会投资者同等重要
	已获利息倍数	参考企业标准	仅对银行重要
	偿债覆盖率	$\geqslant 1$	对政府、银行和社会投资者同等重要
	资产负债率	参考企业标准	对政府、银行和社会投资者同等重要
	齿轮比率	参考企业标准	仅对银行重要
	流动比率	参考企业标准	对银行和社会投资者同等重要
	速动比率	参考企业标准	对政府、银行和社会投资者同等重要
生存能力指标	资金来源满足率	$\geqslant 1$	对政府、银行和社会投资者同等重要

在市政道路投资项目后评价中,基本指标的选取应参照前评价指标,但本章仍列举了一些以供参考。这些评价指标是为了从不同的角度和方面刻画和表征出项目复杂的经济效果。选取多个指标是为了能从各个方面更客观、科学地将项目的经济效果描绘出来。一个完善的指标体系不仅能适用于某一财务后评价主体,还应在经过调整后能够满足不同信息主体的需要,运用于各财务后评价主体。

在市政道路投资项目盈利能力指标中,可以选取净现值、内部收益率和投资回收期作为基本指标。对于经营性项目,投资和投资的盈利性都是针对投资主体而言的。因此,对投资的主体应加以明确,只有这样,才能针对投资主体的现金流入和流出计算盈利性指标。作为投资的现金流量应区别于纯财务的货币现金流。从投资主体的角度考虑,非货币投资的资源耗用与升值(如土地、人力资本和无形资产等)都应按照机会成本原则作为投入或回报。项目不是投资的主体,而是投资的载体。对部分项目,应在全部投资现金流量表的基础上计算项目全部投资的盈利能力指标。这里的"全部"应理解为全部投资者合在一起的现金流。全部投资者分为两大类:权益投资者和债权投资者。权益投资者是指形成项目所有者权益的投资者。现金流出包括形成注册资本的出资、对债权人的还本付息、各种融资费用以及各种税收。各投资主体的投资既包括权益投资,也包括项目以外的与项目有关的资源收入。此外,应分析项目主要投资主体在建设和运营期间的财务状况,以确认项目在财务上的可持续性。

接下来,本节将选取几个经营性市政道路投资项目财务后评价基本指标进行讲解。

9.1.1　内部收益率

内部收益率是指项目实际发生的年净现金流量或重新预测的项目运行期各年净现金流量的现值之和等于零时的收益率,即后评价净现值等于零时的收益率,根据式(9.1)计算

$$\sum_{t=1}^{n} (CI - CO)_t (1 + FIRR)^{-t} = 0 \qquad (9.1)$$

将全部投资的实际内部收益率与融资成本进行比较,可以判断项目发起人实际的融资方案是否成功,见式(9.2)

$$FIRR \geqslant WACC = \sum_j W_{ej} R_{ej} + \sum_k W_{lk} (1 - T) R_{lk} \qquad (9.2)$$

式中,FIRR 为全部投资的内部收益率;WACC 为各种资金来源的综合筹资成本,严格来讲是加权平均资本成本;W_{ej}、R_{ej} 表示权益资本 j 的权重和要求达到的收益;W_{lk}、R_{lk} 表示债务资本(贷款)k 的权重和要求的回报;T 为所得税率。

必须注意,在不分资金来源、投资全部自有的情况下,建设投资不应含有建设期利息。在编制全部投资现金流量表时,最好能把所有受利息影响的数据进行调整,从而真正反映全部投资的经济效益。所得税的计税基础利润总额,受到

了资金来源和筹措方式的影响,相应所得税和所得税后净现金流也受到影响,就导致所得税后评价指标受到了资金来源和筹措方式的影响,从而违背了全部投资现金流量表设置的初衷(排除资金来源、筹资方案的影响),也不能真正反映项目本身的盈利能力,所以,所得税后评价指标只能作为全部投资盈利能力评价的一个参考指标。

9.1.2 投资回收期

后评价的投资回收期是指以项目实际产生的净收益或根据实际情况重新预测的项目净收益偿还实际投资所需要的时间。它是考察项目在财务上实际投资回收能力的主要静态指标。实际投资回收期一般从建设年开始算起,根据式(9.3)计算

$$\sum_{t=1}^{P_{rt}} (CI - CO)_t = 0 \qquad (9.3)$$

式中,$(CI-CO)_t$为各年净现金流量;P_{rt}为实际投资回收期。

后评价投资回收期通常利用全部投资现金流量表求得,属于息税前盈利能力分析。

9.1.3 已获利息倍数

已获利息倍数又称利息倍付率、利息保障倍数,是指项目在借款偿还期内,各年可实际或重新预测用于支付利息的息税前利润与当期应付利息费用的比值,表示项目的息税前利润偿付利息的倍率,根据式(9.4)计算

$$已获利息倍数 = \frac{息税前利润}{当前应付利息费用} \qquad (9.4)$$

已获利息倍数属于偿债资金来源分析比率,它表示项目的息税前利润偿付利息的保证倍数,即保障程度。如果该指标得当,说明项目偿还债务利息的风险较小。

9.1.4 偿债覆盖率

偿债覆盖率是指项目借款偿还期内,各年实际或重新预测的可用于还本付息资金与当期应还本付息金额的比值,根据式(9.5)计算

$$偿债覆盖率 = \frac{可用于还本付息资金}{当期应还本付息金额} \qquad (9.5)$$

可用于还本付息资金包括用于还本的折旧和摊销、在成本中列支的利息费用和可用于还本的未分配利润等。

当期应还本付息金额为当期应还借款本金及计入成本的利息。

偿债覆盖率属于偿债资金来源分析比率,简单且易于操作。

9.1.5 资产负债率

资产负债率是指项目投产运行后各年实际或重新预测的负债合计与资产合计的比率,它是反映项目投产后各年实际面临风险的程度及实际偿债能力的指标,同时也反映债权人发放贷款安全程度的指标,根据式(9.6)计算

$$资产负债率 = \frac{负债总额}{所有者权益总额} \tag{9.6}$$

对债权人,资产负债率越低越好。过高的资产负债率表明项目财务风险大,过低则表明项目对财务杠杆利用不够。项目通过举债,能获得更多的利润,但市场带来的风险将增大。

9.1.6 齿轮比率

齿轮比率通过实际或重新预测项目短期债务与项目权益资金构成的比例,衡量项目权益资金对债务的保障程度的指标,根据式(9.7)计算

$$齿轮比率 = \frac{银行短期债务}{权益资金} \tag{9.7}$$

式中,银行短期债务=短期借款+年内到期的长期借款。

在反映项目偿还短期债务能力指标时,齿轮比率更贴近实际。齿轮的含义如同杠杆作用,即利用权益资金撬动其他资金为项目服务。指标值越大,表明项目偿还债务的难度越大,银行贷款风险越高。

9.1.7 流动比率

流动比率是指实际的项目全部流动资产与全部流动负债的比率,它是反映项目偿付流动负债能力的指标,根据式(9.8)计算

$$流动比率 = \frac{流动资产}{流动负债} \tag{9.8}$$

对债权人来说,流动比率越高,债权就越有保障,但过高的流动比率也说明滞留在流动资产上的资金过多,若资金未能有效地加以利用,将影响到项目的盈

利能力。

9.2 非经营性市政道路投资项目财务后评价基本指标

非经营性项目的财务分析与经营性项目的财务分析有所不同,只需对投资、成本费用和收入进行估算,必要时编制借款还本付息计划表和损益表。一般来说,不必计算经营性项目的财务指标,而代之以特殊指标,有必要时才计算反映偿债能力的指标。

1. 单位功能投资

单位功能投资是指建设一个单位的使用功能和项目提供一个单位的服务所需的投资,根据式(9.9)计算

$$单位功能投资 = \frac{建设投资}{设施规模} \tag{9.9}$$

2. 单位功能运营成本

单位功能运营成本是指项目的年运营费用与年服务总量之比,用以考核项目的运营效率,根据式(9.10)计算

$$单位功能运营成本 = \frac{年运营费用}{年服务总量} \tag{9.10}$$

式中,年运营费用=运营直接费用+管理费用+财务费用+折旧费用。

第 10 章　市政道路投资项目财务后评价的基本原则

10.1　有无对比原则

先分别对"有项目"和"无项目"的各年的费用和效益进行识别、预测和计算,然后通过这两套数据的差额得到增量净现金流量,计算相应的增量指标。这是一种比较理想的计算原则。

10.2　总量评价与增量评价相结合原则

对于改扩建项目来说,盈利能力分析的目的有两个:评价用于改扩建的新增投资的经济效果;评价改造后的整体效果。改扩建项目的盈利能力分析是在项目范围内进行的,而改扩建又是在原有项目的基础上进行的,因此,对其进行盈利能力分析,应先界定项目的范围,明确项目和企业的关系。当企业进行总体改扩建时,改扩建项目的范围就是企业的范围,无须再去界定项目的范围。但是,当企业进行局部改扩建时,改扩建部分的费用和效益与企业其他部门的费用和效益往往存在着错综复杂的关系。为了便于分析问题,我们可以把局部改扩建的企业划分为项目内和项目外两部分,在项目范围内进行盈利能力分析。为了分析清晰、计算方便,还可以把项目范围内分为直接范围和挖潜范围。直接范围是靠增加投资实现效益的部分,挖潜范围是不需要增加投资,而主要靠挖掘潜力增加效益的部分。改扩建项目清偿能力分析的范围是整个企业而不是项目,这符合信贷的需要,也是债权人所希望的。因为改扩建项目属于企业融资,所以应按整个企业进行分析。资金来源与运用表、资产负债表原则上应体现"有项目"的情况;固定资产投资借款偿还表的还款资金应包括原有企业所能提供的还款资金(未分配利润、折旧费或摊销费),即按综合效益偿还(或称总量偿还)计算。但这样一来,工作量将成倍增加。因此,简化的目标是,在条件许可的前提下,用

增量效益偿还。

10.3　Package Deal 原则

邮电通信设施、城市交通设施、电网设施的项目都会遇到系统性项目群和分期建设的问题。系统性项目和分期建设项目在不同阶段,效益和费用的划分方法不同。在前评价时,效益和费用采用"打捆"方式,将所有子项目捆绑在一起解决效益与费用的对应问题,不能将效益人为地分摊给不具有独立经济功能的子项目,但在进行项目后评价时,效益和费用应符合有无对比原则,并区别沉没成本和机会成本。

第 11 章 市政基础设施建设工程造价控制

11.1 市政工程造价控制存在的问题

随着我国经济建设的飞速发展和国家对基础设施建设的大力支持,各地方政府都投入了大量的人力、物力和财力进行市政基础设施建设,以加快城市化进程,而大规模的建设使得市政工程造价的确定与控制成为人们极为关注的问题。近年来,随着经济的腾飞,市政工程投资力度也得到了较大的提高。建设好市政工程可以造福城市居民,间接带动经济发展,并产生良好的社会效益。市政工程的资金来源于国家及地方政府的投资,一个市政工程从初步确立到施工,再到验收,中间的环节不可谓不多,而路上或路下障碍物的影响或者施工的延误,以及其他因素,都可能导致市政工程无法按期完成或者超出预期投资。因此,工程管理者和建设者在市政工程项目实施阶段进行投资资金的控制,就成了首要问题。

市政工程是面向社会的公益事业。城市道路、路灯、园林、绿地等都属于市政工程项目,要想做好这些项目,就必须以充足的资金为前提。以前,市政工程项目的资金大多来自国家及地方政府拨款,现在市政工程项目的资金来源更加多元化,投资方式也不断发生变化,从单一的靠政府拨款改为投资单位自筹、银行贷款或引进外资等各种渠道,从单一的政府投入转为私人、企业等多种投入。市政工程造价一直是市政工程执行过程中难以解决的问题。作为公益性建设,它的投资额度大、建设标准高、施工过程烦琐、建设工序复杂、施工作业多而散等问题都影响着工期。

市政工程建设不只是工程造价的问题,还涉及技术与管理等方面的问题。市政工程报价应该从全面出发,市政工程中造价控制人员除了要有市政工程和工程造价方面的专业知识,还要有一定的测量和计算机制图知识,能够清楚地认识到工程造价控制的重要性,具有一定的责任感。市政工程造价控制存在的问题主要涉及以下几个阶段。

1. 招标阶段把控不严

工程的承包一定要严把企业关,严防竞争压价、相互攀比等现象。一些承包商自己能力不足,强行承包,再转包给他人,坐收渔翁之利,而最后的承包者为了控制成本,就用低价的劳动力,使用低劣的材料进行施工,对市政工程造成了极大的危害。

2. 设计阶段选择不当

有资料显示,设计阶段影响工程造价的可能性为 60%~75%,而科学、合理的设计可降低工程造价的 15%。设计人员应该肩负起有效控制造价的重担。经过测算,一个采用素土回填、造价 300 万元的排水工程,在采用石灰土回填后,造价竟然增加了 100 多万元。可见,设计对工程造价起着至关重要的作用。例如,一个城市路网改造排水项目,通常采用的施工方法有开槽埋管施工和顶管施工,在设计时应当根据现场的路况、土质情况,分析这两种施工方法的合理性,比较两者的造价经济性后再选用适合该工程的设计方案,而不能臆断决定,造成不必要的损失。

3. 实施阶段严重超标

目前,工程造价主要是依靠完工时的计算,对于前期的管理工作重视不够,全面成本管理的观念未能成行。其实,工程造价管理前期是非常重要的。工程预算乱报,结算乱审,设计深度不够,部分行业垄断,都会造成造价超标,设计不能贯彻执行,损害国家和社会利益。

4. 完善阶段执行不足

很多单位急于开展项目,不做万全的准备,未对设计方案进行严格的检查与完善,导致在施工时随时变更,有些项目改了又改,造成了严重的损失。

11.2 市政基础设施工程造价控制问题成因分析

1. 市政工程复杂化

市政工程的建设内容包括城市道路桥梁隧道工程、给排水工程、垃圾处理工程、综合通信工程、热力管道及能源管道工程、绿化工程等。随着我国经济的快速发展,人们的需求发生了很大变化,这使得市政工程的建设内容也变得更加复杂,如道路高架互通立交已日趋常规化,城市综合管廊及海绵城市正在广泛推广,城市景观绿化已越来越被人们重视等。这使得市政工程单位建设规模日趋增大,单位造价成本也日趋增加。

2.市政工程工期不稳定

工程建设成本按时间关系可分为固定成本和可变成本。时间越长,可变成本越高。建设工程在实施过程中,经常会受征地拆迁、施工环境等外界条件的限制或影响,造成工程停待工或不能采取整体统筹实施,只能采取阶段性实施,导致工程建设周期延长,甚至出现重复建设现象,增加工程建设成本。

3.市政工程建设标准发生改变

随着经济社会的发展和进步,人们日益增长的需求和标准也发生很大变化,市政工程作为城市的窗口和门户,在建设过程中开始注重城市形象和工程艺术,如部分城市将道路人行道透水砖变更为花岗石面砖、道路混凝土路缘石变更为花岗石路缘石、道路绿化常规树种变更为名贵树种,以及将城市桥梁建成标志性造型结构和推广新材料、新技术、新工艺等,使得工程建设成本上升。

11.3 市政基础设施工程造价控制对策

1.全力做好项目前期的准备工作

若想有效控制拟建市政项目的建设成本,一定要综合多方面的因素,充分做好项目的前期准备工作。

(1)应做好项目的定位;如一条市政道路是按城市快速路还是一级主干道进行定位,直接影响到项目的建设投资。

(2)应明确项目的建设标准,如市政道路是打造成城市景观道路还是常规道路,也会对项目建设投资产生很大的影响。

(3)应做好项目的里程碑事件规划、合同管理规划、项目实施规划、安全质量规划、筹资(融资)规划等,为项目后续实施做好充分准备。

2. 工程各阶段的造价控制

市政工程建设程序较多，建设周期长、规模大，为了保证工程造价计算的准确性和造价控制的有效性，需要在工程建设的各阶段多次进行造价计算工作。下面从其中三个阶段来分析造价控制措施。

(1)设计阶段的造价控制。

设计图纸是造价编制以及预算的基础，工程项目标准、规模、装饰标准、结构造型、地理位置等设计是否合理，是否有助于经济发展等，对工程建设都有直接影响。因此，加强工程设计阶段的造价控制工作对于降低建设成本具有十分重要的意义。设计时，应结合市政工程的实际情况，选择优秀的设计方式和设计理念，如实行限额设计，即按照预先的投资预算来进行工程设计，确定设计方案后，根据专业和单位分解投资份额和工程量，各施工单位严格按照所分配到的投资限额来设计，对工程建设造价控制具有重要作用。

(2)施工阶段的造价控制。

施工阶段建设成本控制的关键在于招标投标阶段管理控制和施工过程管理控制。①应对招标文件进行严格审核，检查文件内容是否与实际相符，细节是否完整，避免出现招标漏项、缺项或施工过程中出现过多变更。②应抓好对施工单位的筛选、考察工作，选择专业性强、信誉好的施工单位，同时应避免施工合同意思表达不准确，避免产生合同纠纷。③应选用专业的项目管理团队，系统制订专业的项目管理制度和控制措施，实施过程中通过抓好项目安全控制、质量控制、工期控制、索赔控制，从而达到造价控制的目标，最终使项目的各项目标得到有效控制。施工阶段建设成本控制的另一项关键工作是工程"计量与支付"工作，"计量与支付"是贯穿建设工程始终的一项重要工作，这项工作集中反映了包括业主、监理、承包商在内的参建各方的业绩、权利和义务；同时，通过汇总与分析这些基本数据，可全面、及时、准确地掌握建设工程的项目进度、中期计量、中期支付、变更、索赔、违约等情况。计量支付及变更索赔工作直接关系建设项目的成本控制，尤其是业主方，只有严格管理计量支付与变更工作，才能有效控制建设成本。

(3)竣工决算阶段的造价控制。

竣工决算是反映建设工程实际造价和投资效果的文件。及时、准确地对竣工决算进行审核，对于总结、分析建设过程的经验教训，提高工程造价管理水平及积累技术经济资料都具有重要意义。在确定工程造价时，应坚持以现行的计价规范为依据,按照施工合同和招标文件的规定,根据竣工图、结合现场签证和设计变更进行审核。工程审计人员不但要熟练掌握工程量的计算规则、定额子目的组成及包含的工作内容、工程造价计算程序、费用定额包含内容及计取方法,还要掌握它们的编制原理和内在联系,确保工程造价计算的准确性。此外,还要坚持深入现场,掌握工程动态,了解工程是否按图纸和工程变更进行施工,是否有部分洽商没有施工,是否有已经去掉的部分没有变更通知,是否有在变更的基础上又变更的情况。因此,在结算时,不能只是对图纸和工程变更的计算进行审核,还要深入现场,细致、认真地核对,确保工程结算的质量,提高投资效益。应采取二审终审制,第一审为内审,第二审为外审,严格控制每个环节,层层把关,使工程造价经济合理,符合现行的计价规范。

3. 引入信息技术

在控制市政工程造价时引入现代化的网络信息技术,可以为控制市政造价成本提供大量可靠信息。通过分析这些信息,及时发现施工过程中出现的资金浪费情况,并及时进行处理,以进一步控制工程造价。

4. 严格选用工程造价人员

为了进一步进行科学、准确的工程造价管理,应当选用专业造价人员控制工程造价,要求造价人员掌握理论知识及专业技能,熟练运用计算机及相关设备、设施,严禁非专业人士上岗工作。企业也应当加大人才培养力度,并吸纳更多造价方面的人才,提升工程的经济效益及社会效益。

第 12 章 融资代建制下的市政道路投资项目

12.1 项目融资

12.1.1 项目融资的基本模块

项目融资一般由四个基本模块组成,分别是项目投资结构、项目融资结构、项目资金结构和项目信用担保结构。

1. 项目投资结构

项目投资结构即项目的资产所有权结构,指项目投资者对项目资产权益的法律拥有形式和项目投资者之间(如果投资者超过一个)的法律合作关系。目前,国际上常用的项目投资结构有单一项目子公司、公司型合资结构、合伙制及有限合伙制结构、信托基金结构和非公司型合资结构等形式。

2. 项目融资结构

项目融资结构是项目融资的核心部分,指项目投资者取得资金的具体形式。一旦投资者在投资结构上达成共识,就要尽量设计和选择合适的融资结构来实现投资者的融资目标和要求,这往往是项目融资顾问的重点工作之一。常用的项目融资模式有投资者直接安排项目融资、通过单一项目公司安排融资、利用"设施使用协议"融资、融资租赁、BOT 模式和 ABS 模式等,也可以按照投资者的要求对几种模式进行组合、取舍、拼装。

3. 项目资金结构

项目融资的资金由三部分构成:股本资金、准股本资金、债务资金。三者的构成及其比例关系即项目资金结构,其中核心问题是债务资金。项目融资常用的债务资金形式有商业银行贷款、基金贷款、租赁贷款等。资金结构在很大程度上受制于项目投资结构、项目融资结构和项目信用担保结构,但通过灵活、巧妙地安排项目的资金构成比例,选择恰当的资金形式,可以达到既减少投资者自身资金的直接投入,又提高项目综合经济效益的双重目的。

4. 项目信用担保结构

对贷款银行而言,项目融资的安全性来自两方面:项目本身的经济强度;项目之外的各种直接或间接担保。这些担保可以由项目投资者提供,也可以由与项目有直接或间接利益关系的参与各方提供;可以是直接的财务保证(如完工担保、成本超支担保、不可预见费用担保等),也可以是间接或非财务性的担保(如项目产品长期购买或租赁协议等)。所有这些担保形式的组合,就构成了项目信用担保结构。项目本身的经济强度与信用担保结构相辅相成,项目经济强度越高,信用担保结构就越简单,条件就越宽松。

当然,项目融资并不是各基本模块的简单组合,而是通过开发商、贷款银行与其他参与方及有关政府部门等的反复谈判,完成融资的模块设计并确定模块间的组合关系。通过对不同方案的对比、选择、调整,最后产生一个令参与各方都比较满意的方案。对其中任何一个模块作设计上的调整,都会影响到其他模块的结构设计及相互间的组合关系。

12.1.2　项目融资的主要特点

1. 有限追索或无追索

在其他融资方式中,投资者向金融机构的贷款尽管是用于项目,但是债务人是投资者,整个投资者的资产都可能用于提供担保或偿还债务。也就是说,债权人对债务有完全的追索权,即使项目失败也必须由投资者还贷,因而贷款的风险对金融机构来讲相对较小。而在项目融资中,投资者只承担有限的债务责任,贷款银行一般在贷款的某个特定阶段(如项目的建设期)或特定范围可以对投资者实行追索,而一旦项目达到完工标准,贷款将变成无追索。

无追索权项目融资是指贷款银行对投资者无任何追索权,只能依靠项目所产生的收益作为偿还贷款本金和利息的唯一来源,最早在 20 世纪 30 年代美国得克萨斯油田开发项目中应用。由于贷款银行承担风险较高、审贷程序复杂、效率较低等原因,该融资方式目前已较少使用。

2.融资风险分散,担保结构复杂

因为项目融资资金需求量大,风险高,所以往往由多家金融机构参与提供资金,并通过书面协议明确各贷款银行承担风险的程度,一般还会形成结构严谨且复杂的担保体系。如澳大利亚波特兰铝厂项目,由5家澳大利亚银行以及比利时国民银行、美国信孚银行、澳洲国民资源信托资金等多家金融机构参与运作。

3.融资比例大,融资成本高

项目融资主要考虑项目未来能否产生足够的现金流量偿还贷款,以及项目自身风险等因素,对投资者投入的权益资本金数量没有太多要求,因此绝大部分资金是依靠银行贷款来筹集的,在某些项目中甚至可以做到100%的融资。由于项目融资风险高,融资结构、担保体系复杂,参与方较多,前期需要做大量协议签署、风险分担、咨询顾问的工作,会产生各种融资顾问费、成本费、承诺费、律师费等。另外,由于风险的因素,项目融资的利息一般也要高出同等条件抵押贷款的利息,这些都导致项目融资同其他融资方式相比融资成本较高。

4.实现资产负债表外融资

资产负债表外融资即项目的债务不表现在投资者公司的资产负债表中。资产负债表外融资对于项目投资者的价值在于使某些财力有限的公司能够从事更多的投资,特别是一个公司在从事超过自身资产规模的投资时,这种融资方式的价值就会充分体现出来。这一点对于规模相对较小的矿业集团进行国际矿业开发和资本运作具有重要意义。由于矿业开发项目建设周期和投资回收周期都比较长,如果项目贷款全部反映在投资者公司的资产负债表上,很可能造成资产负债比例失衡,影响公司未来的筹资能力。

12.1.3 项目融资的风险

1.信用风险

在项目融资中,即使对借款人、项目发起人有一定的追索权,贷款人也应评估项目参与方的信用、业绩和管理技术等,因为这些因素是贷款人衡量项目成败的标准。

2. 完工风险

超支风险、延误风险以及质量风险是影响项目竣工的主要风险因素,通常是由项目公司利用不同形式的"项目建设承包合同"和贷款银行利用"完工担保合同"或"商业完工标准"进行控制。

3. 生产风险

降低这种风险可以通过一系列的融资文件和信用担保协议来实施。针对不同的生产风险,设计不同的合同文件。例如,对于能源和原材料风险,可以通过签订长期的能源和原材料供应合同,加以预防或消除;对于资源类项目所引起的资源风险,可以利用最低资源覆盖比率和最低资源储量担保等加以控制;对于技术风险,贷款银行一般要求项目中所使用的技术是经过市场证实的成熟生产技术,是科学、合理并有成功先例的。

4. 市场风险

市场风险贯穿项目始终。在项目筹划阶段,投资方应做好充分的市场调研和市场预测,减少投资的盲目性。在项目建设和经营阶段,项目应该签订长期的原材料供应协议,产品销售协议等。项目公司还可以争取获得其他项目参与者,如借助政府或当地产业部门的某种信用支持来分散项目的市场风险。在一定程度上,市场风险是产、供、销三方均要承担的。

5. 金融风险

控制金融风险主要是运用一些传统的金融工具和新型的金融衍生工具。传统的金融工具是根据预测的风险来确定项目的资金结构。新型的金融衍生工具可采用远期合同、掉期交易、交叉货币互换等方式来控制金融风险。

6. 政治风险

广泛搜集和分析影响宏观经济的政治、金融、税收方面的政策,对未来进行政治预测,规避风险。还可以通过向官方机构或商业保险公司投保政治风险,转移和减少这类风险带来的损失。

7. 环境保护风险

项目投资者应熟悉项目所在地与环境保护有关的法律,在进行项目的可行

性研究时应充分考虑环境保护风险;拟定环境保护计划作为融资前提,并在计划中考虑到未来可能加强的环境保护管制;以环境保护立法的变化为基础进行环境保护评估,把环境保护评估纳入项目的不断监督范围内。

12.1.4　项目融资的申请条件

(1)项目本身已经经过政府部门批准立项。

(2)项目可行性研究报告和项目设计预算已经经过政府有关部门审查批准。

(3)引进的国外技术、设备、专利等已经经过政府经贸部门批准,并办理好相关手续。

(4)项目产品的技术、设备先进适用,配套完整,有明确的技术保证。

(5)项目的生产规模合理。

(6)项目产品经预测有良好的市场前景和发展潜力,盈利能力较强。

(7)项目投资的成本以及各项费用预测较为合理。

(8)项目生产所需的原材料有稳定的来源,并已经签订供货合同或意向书。

(9)项目建设地点及建设用地已经落实。

(10)项目建设以及生产所需的水、电、通信等配套设施已经落实。

(11)项目有较好的经济效益和社会效益。

(12)其他与项目有关的建设条件已经落实。

12.2　代　建　制

12.2.1　代建制的概念

代建制是一种由项目出资人委托有相应资质的项目代建人对项目的可行性研究、勘察、设计、监理、施工等全过程进行管理,并按照建设项目工期和设计要求完成建设任务,直至项目竣工验收后交付使用人的项目建设管理模式。代建制中的政府主管部门、投资方、代建单位、设计方与建设承包商和运营单位通过签订代建合同,依法明确各自的责权利,规范各自的行为。

项目建设按照招投标制、合同制、监理制予以实施,突破了城镇市政设施旧有的管理方式,使现行的"投资、建设、管理、使用"四位一体的管理模式,转变为"各环节彼此分离,互相制约"的模式,使建设管理更加社会化、职业化、商业化。

代建制与通常建设项目的总承包制、项目管理制的明显区别在于代建单位有项目建设阶段的法人地位,拥有法人的权利(包括在政府监督下对建设资金的支配权),同时承担相应的投资保值责任,代建单位可以从项目投资的节余额中获得奖酬。

12.2.2 代建制的合同模式

代建制试点中的代建合同,有以下三种模式。

1. 委托代理合同模式

委托代理合同模式是上海市、广州市和海南省的代建制试点采用的模式。在政府投资主管部门下面,设立具有法人资格的建设工程项目法人,或者指定一个部门作为项目业主,由项目法人(或项目业主)采用招投标方式选定一个工程管理公司作为代建单位,再由项目法人(或项目业主)作为委托方,与代建单位(受托方)签订代建合同。此委托代理合同模式的实质是,委托代建单位对项目工程建设施工进行专业化组织管理,并代理委托方采用招投标方式签订建设工程承包、监理、设备采购等合同。

(1)特点:①项目建成后的使用单位不是合同当事人;②项目投资资金的管理权仍然掌握在投资人(项目法人、项目业主)的手中。

(2)优点:可以防止公共工程招投标中的腐败行为和实行对公共工程建设的专业化管理的政策(在项目工程的使用单位或者管理单位尚不存在的情形,适于采用此模式)。

(3)缺点:①相当于政府投资主管部门自己作为建设单位包揽项目工程建设,然后将项目工程分配(或划拨)给使用单位,将政府投资变成了"公房分配",不符合改革政府投资体制的政策;②使用单位不是合同当事人,难以发挥使用单位的积极性,甚至使用单位不予协助、配合,增加了工程建设中的困难。

2. 指定代理合同模式

指定代理合同模式是重庆市、宁波市、厦门市和贵州省代建制试点采用的模式。政府投资主管部门采用招投标方式选定一个项目管理公司作为代建单位,由作为代理人的代建单位,与作为被代理人的使用单位签订代建合同。此指定代理合同模式的实质是,政府投资主管部门指定代建单位作为使用单位的代理人,对项目工程建设施工进行专业化组织管理,并代理使用单位采用招投标方式

签订建设工程承包、监理、设备采购等合同。

(1)特点：①投资人(政府投资主管部门)不是合同当事人；②投资和资金的管理权掌握在使用单位手中。

(2)优点：可以防止公共工程招投标中的腐败行为和实现公共工程建设的专业化管理的政策。

(3)缺点：①投资和资金的管理权仍然掌握在使用单位手中，实际上未对现行投资体制进行任何改革；②投资人(政府投资主管部门)不是合同当事人，政府投资主管部门在选定代建单位后，实际上不可能对项目投资资金的运用和工程建设施工进行有效监督。

3. 三方代建合同模式

三方代建合同模式是北京市、武汉市和浙江省代建制试点采用的模式。政府投资管理部门与代建单位、使用单位签订三方代建合同。北京市是由发展和改革委员会(投资人)选定代建单位，并与代建单位、使用单位签订三方代建合同；武汉市是由政府指定的责任单位(投资人)选定代建单位，并与代建单位、使用单位签订三方代建合同；浙江省是由政府投资综合管理部门(投资人)选定代建单位，并与代建单位、使用单位签订三方代建合同。

(1)特点：三方代建合同除规定代建单位的权利、义务和责任外，还明确规定政府主管部门的权利[对代建单位(受托人)的监督权、知情权]和义务(提供建设资金)，以及使用单位的权利[对代建单位(代理人)的监督权、知情权，对建设完成的工程和采购设备的所有权]和义务(协助义务、自筹资金供给义务)。

(2)优点：①可以发挥三方当事人的积极性，实现三方当事人的相互制约；②可以防止公共工程招投标中的腐败行为，实现对公共工程建设施工和项目投资资金的专业化管理，保证工程质量和投资计划的执行，实现政府投资体制改革的政策。

(3)缺点：①设计的可施工性较差，设计时很少考虑施工采用的技术、方法、工艺和降低成本的措施，施工阶段的设计变更多，导致施工效率降低，进度拖延，费用增加，不利于业主的投资控制及合同管理；②设计单位与承包商之间相互推诿责任，使业主利益受到损害；③建设周期长，按设计-招标-施工的建设方式循序渐进，业主在施工图设计全部完成后组织整个项目的施工招标，中标的总承包商再组织进场施工。

代建制最早出现在政府投资项目，特别是公益性项目中。针对财政性投资、融资社会事业建设工程项目法人缺位,建设项目管理中"建设、监管、使用"多位一体的缺陷,以及建设管理水平低下、腐败问题严重等问题,通过招标和直接委托等方式,将一些基础设施和社会公益性的政府投资项目委托给一些具有实力的专业公司实施建设,而业主则不从事具体项目建设管理工作。业主与项目管理公司/工程咨询公司通过管理服务合同来明确双方的责、权、利。

12.2.3　代建制与工程建设监理的关系

代建制的范围一般比工程建设监理广,一般既包括施工,也包括设计,甚至包括可行性研究。代建方在代建合同规定的项目管理范围内,作为代理人,对施工合同进行全面管理,其在管理中起主导作用,除工程项目的重大决策外,一般的管理工作和项目决策均由代建方进行。而工程项目业主仅派少量人员在工程现场,收集工程建设信息,对工程项目的实施进行跟踪和监督。

工程建设监理一般主要应用在施工阶段。监理工程师受业主委托,依据承发包合同对施工承包商进行监督和管理。这种监督和管理仅作为业主管理的一种补充或辅助,或者说,施工阶段业主方的管理仍以业主为主导,监理工程师在其中仅起辅助作用。

12.2.4　代建制与工程总承包的差异

代建制和工程总承包的主要差异在工程合同的标的和合同的性质上。工程总承包合同的标的是工程实体,总承包商向业主最终交的成果是工程实体;工程总承包合同是承包商合同,即根据预先约定的计价方法,结算工程款项,总承包商要承担全部风险,或享受工程成本低于工程合同价时的全部利润。而代建制则不同,代建合同的标的是管理服务,代建方向业主提交的是满足合同要求的管理服务,代建合同本质上是一种咨询管理类合同,即使合同条件中带有激励属性,代建方一般既不可能承担工程成本失控的全部风险,也不会享受工程成本降低的所有效益。

12.2.5　代建制相关各方的职责划分

广义的代建制应包括项目公司代替政府进行公共工程项目的建设;工程管理公司代替项目公司组织项目的建设实施;专业运营管理公司代替项目公司进行运营管理。代建方式并不仅限于项目的建造阶段,只是建造阶段的代建方式较为典型。代建制相关各方的职责划分如下。

1.政府主管部门的职责

政府主管部门负责审批项目建议书、可行性研究报告,审查和确定设计方案,审批项目预算和正式开工计划等;通过公开招标确定代理人;安排项目的年度投资计划,协调财务部门根据项目进度分配建设资金;监督代理人履行合同;组织工程竣工验收和移交。

2.代建单位的职责

代理人是政府委托的项目建设阶段的法人,是项目建设管理的主体,在政府委托的责任范围内对项目建设进行全方位、全权限、全责任的管理。施工负责人向政府负责,作为项目业,主要利用自身专业经验、技术力量和严格的管理,将项目规划、设计、编制、工程预算、施工单位招投标和设备材料采购贯穿整个施工过程,对质量和时限进行专门的控制和管理,以确保目标的顺利实现;负责建设资金的管理,确保建设资金专款专用,并接受政府有关部门的检查和监督;代建单位作为本项目的独立法人,依法行使法人职权,承担法律和经济责任。

3.项目运营单位的职责

项目运营单位负责根据项目的实际需要和发展规划提出项目建议书;在项目方案设计阶段,提出项目的具体使用条件、建筑的功能要求、建筑的相关专业和技术的具体要求和指标;在施工过程(包括项目设计、施工、设备材料采购等)中,提出意见和建议,并监督代理人的行为;参与项目验收,负责接收、使用和维护竣工建筑物。

12.3 项目融资代建制理论

12.3.1 融资代建制

为了不断改善投资环境,近年来,我国各城镇市政设施建设力度明显加大,但是政府财力有限的问题始终困扰着建设和管理市政设施的公营机构。为此,国家进行了市政设施投融资体制改革,确立了市场化、社会化的发展道路,鼓励外资和民间资本进入基础设施领域。因此,结合我国国情,探讨新的基础设施项目投融资方式,对多渠道解决建设资金不足的问题具有重大意义。融资代建制是一种政府的多渠道来源资金的投资建设管理的创新模式。这也对传统的城镇市政设施投资项目的财务分析提出了新的要求。

项目融资是以项目的资产、投资收入或权益为担保的无追索权或有限追索权融资或贷款。在项目融资中,用于保证贷款偿还的资金来源仅限于融资项目本身的经济实力。项目的经济强度可以从两个方面来衡量:一方面,它是项目未来产生的净现金流,是偿还项目融资贷款的主要经济来源;另一方面,它是项目本身的资产价值。

与传统的企业融资相比,项目融资有其优势,如实现无追索权或有限追索权融资、实现表外优势、允许更高的负债比例、实现风险隔离和风险分散、享受税收优惠、实现万元以上融资。项目融资方式和传统融资方式流程示意图见图12.1。

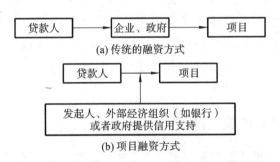

(a) 传统的融资方式

(b) 项目融资方式

图 12.1　项目融资方式和传统融资方式流程示意图

1. 融资代建制的概念

融资代建制(finance construction on consignment),特指针对政府投资项目(包含市政设施)的公共机构和私人投资者的公-私伙伴关系,合作投资、建造、运营公共项目的新模式。市政设施投资项目产生社会效益是公共机构的项目目标,提高投资回报率是私人投资者的目标,为了实现多赢的目标,合作双方需要合理分担风险,以保证市政设施投资项目的成功。典型的模式是已确定一个市政设施投资项目且通过规范的程序选择了项目发起人,政府与项目公司(由项目发起人和项目参与方组建)签订委托特许协议,由项目公司选择合适的工程管理公司代替项目公司进行包括融资、建设、经营在内的工作。图 12.2 为市政设施投资项目委托代理体系示意图。

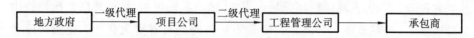

图 12.2　市政设施投资项目委托代理体系示意图

2. 融资代建制的特点

(1)融资代建制是一种建设管理模式,是开拓非政府渠道资金的方式。

(2)融资代建制在项目管理层次上涉及众多主体,包括政府、发起人、债权人、产品/服务购买商、供应商、保险公司、担保公司、运营商、工程公司、中介机构,每个角色与项目公司之间的关系都是一种双边协议关系,为达到投资建设的高效率与好的经济、社会效益,各项目参与方应寻求合伙、合作、联盟、代理等多种组合方式,利用各种契约、法规、标准和国际惯例确立并形成适应发展的模式。

(3)融资代建制基于特许经营权使政府与民间机构相连接,由项目公司自己负责筹集资金、设计、施工,以及在此后很长时期内负责经营管理。

(4)融资代建制强调项目的代建方式,即由社会化、专业化的工程管理公司接受项目公司的全权委托,由该机构派出项目经理,主持招标或选择专业工程公司共同完成整个建设项目。

3. 融资代建制的模式框架

融资代建制的模式框架可以概括为"两个层次""三种管理""四方面要素""三项保证""若干项专业业务内容"。

(1)"两个层次":第一个层次是政府对项目公司的委托特许;第二个层次是项目公司选择工程管理公司代建、专业运营公司代为运营。

(2)"三种管理"体现了模式的特点,即融资代建制围绕公共工程项目,政府、项目公司、工程管理公司、专业运营公司各司其职、各负其责、各担风险,在公共管理、企业管理和项目管理上有其独特之处。

①公共工程项目的资金无论是社会的还是政府的,其公益性质是不变的,最终的业主还是政府,所以需要政府的监督管理。政府需要履行对项目建设规模和技术标准、项目运营制度和规范的监督管理职责。在投融资体制改革后,非政府参与的投融资公共工程项目将逐步增多,利益主体会呈现多样化和复杂化的特点,经济机制作用于各个方面。因此,对于不同性质的市场主体,就应采取不同的管理方式,这反映了公共管理的特色。

②在项目管理上的特别之处是采用委托代建方式。由综合性、专业化、社会化建设项目管理公司代替业主方建设管理,是公共工程建设管理发展的一大趋势。代建模式能够帮助业主理想化地对投资和工期进行控制,避免我国目前存在的在没有任何经验的情况下而产生的人、财、物的浪费。应打破行业及地区界限,实施项目建设单位的重组与调整,将项目建设管理单位做大做强。

③特殊的企业管理。项目公司的管理有别于一般公司的管理,具有特殊性。替业主服务、代为管理项目、处理一切事情的工程管理公司,其工作方式也具有特殊性。由施工企业、设计企业或设计施工联营企业等类型企业拓展业务而发展为工程公司的实体,其管理方式也将有根本的改变。

(3)"四方面要素"是融资代建的思想、组织、方法和手段。

(4)"三项保证"是指模式的支持条件,包括公共工程项目管理体制、机制和法制。

(5)"若干项专业业务内容"突出了模式的可操作性。

4. 融资代建制项目的基本结构

(1)政府:①作为国家行政管理者的身份和执法者的职能;②公共项目公众利益的代表和项目最终业主。

(2)贷款银行:是项目的债权人,主要作用是按照协议规定的时间、方式提供项目公司所需的所有款项。同时,贷款银行应享有权利,如优先获得抵押权等。

(3)保险公司:对于项目中各个角色不愿承担的风险由保险公司承担。

(4)项目公司:项目公司既是代建方也是委托方,具有决策权、经营权和管理权。

(5)咨询公司:包括各类提供咨询等智力服务的中介组。

(6)工程公司:拥有人力、物力、财力,有工程经验的实施机构,处于项目承包商地位。

(7)管理公司:包括各类提供专业管理服务的技术性中介组织,主要是指工程管理公司。

(8)运营公司:能在运营阶段提供全面代经营管理服务的机构。运营阶段是贷款偿还期,运营公司应对成本的控制制订严密的计划和措施,降低经营风险。

5. 融资代建制的适用范围

融资代建制的适用范围:①公共工程项目;②项目能产生效益;③项目风险

巨大;④项目投资巨大;⑤项目需要多专业、多部门合作。

6.融资代建的机制研究

(1)投资决策机制。投资决策的主要依据是政府、投资主体、金融机构等各自的投资咨询评估报告。项目各参与方的投资决策只有借助社会化、专业化的咨询机构,根据客观、公正的咨询结果,遵循合理的决策程序,才能做出科学的决策。

(2)市场竞争机制。要应用招投标方式选择项目的发起人及项目的承建商和运营商,建立工程管理市场,发展工程管理公司等高智能、全能型的代建单位,推进公共项目建设的民营化、社会化和专业化,提高项目建设的效率和效益,实现资源的有效配置。

(3)项目各参与方以特许权协议为基础,通过双边的合同构成合同网络,利用合同来规范行为、维护权利、调整关系。

(4)风险分担机制。

(5)价值合理补偿机制。

(6)激励机制。激励机制达到的效果:①使代理者安心工作;②使代理者注重项目的长期效益及项目的持续运营能力;③使代理者利益与委托者利益尽可能一致;④使代理行为透明,减少道德风险和逆向选择发生。

(7)约束监管机制。约束监管机制包括约束机制和监管机制。约束机制主要是合同的契约约束;监管机制即监督管理机制,主要是政府的监督和政治的监督。

12.3.2　融资代建项目存在的矛盾

自 2021 下半年以来,受市场下行压力影响,除个别项目外,房地产市场整体销售形势相对遇冷,项目收汇压力相对较大,部分企业已开始降价推动项目销售。然而,融资代建项目存在很大的矛盾和障碍。

对于项目实际投资方,虽然资本方与原业主或项目公司存在法律关系,但因为实际投资的资金并非个人所有,所以有相当比例的资金是基于项目公司或项目资产和杠杆进行再融资的。在销售困难的情况下,资本方的最大需求是快速处置项目公司的资产,以实现其自身投资现金流的稳定。

而对于代建项目的委托人,即原业主,引入融资代建模式进行项目开发的核心诉求是利用代理的运营团队和基金方的资金来维持和增加资产价值。虽然面对项目销售,原业主在资金方面有一定的偿债压力,但相比资产销售的折旧效应,原业主更希望价格稳定,否则,价格下调,销售价格不仅无法偿还债务,还可能导致自身蒙受巨大损失。这与资本方的需求正好相反。

12.3.3　控制权的所有权

面对原业主和基金在项目方向上的需求存在的根本差异,各方不可避免地将重点放在项目控制上。理论上,代建项目的所有权是毋庸置疑的。作为项目公司和项目土地的所有者,原所有者自然有权控制项目。但在实践中,由于资金风险控制的诉求和建设需求,建设项目资金对于建设和项目公司分别具有一定程度的控制,控制会造成大量建设项目融资,而控制之争的背景在销售困境中显得异常尖锐,主要体现在以下几个方面。

1. 投资者通过投资显性股份和实物债券获得项目公司的控制权

对于实际投资资金方,为了确保自己的资金安全,投资模式无论是使用直接贷款,还是实物债务,都有相应的风险控制措施,同时资金通过相关风险控制措施可以逐步控制项目公司。例如,在一些具有明确股份的真实债务投资项目中,投资者还可以通过持股,对项目公司的股东大会和董事会享有一定程度的控制权。

一般来说,实际投资主体获得项目公司控制权的根本目的是确保资金的安全,而不是直接控制公司,因此,项目各方之间的正常预付款和原业主公司控制权仍然可以通过正常的渠道来协商。然而,在销售额下降的背景下,基金方的资本担保与原业主方资产保全之间的矛盾进一步加剧,基金方对项目公司控制权的要求将增加,与原业主的控制权纠纷将更激烈。

2. 代理人实际经营时对项目现场的实际控制权

在融资代建项目中,代理人的控制权主要体现在对项目现场的实际控制权上。由于代理人实际处理项目,项目现场每条线的实际经理由代理人任命。由于代理人是项目公司在法律关系方面委托的运营管理团队,理论上,代理人的运营仅限于项目公司授权的范围。然而,在代建融资业务中,由于出资人和代理人之间的特殊关系,出资人和代理人往往更为接近(或者说出资人和代理人本质上是同一主体)。同时,在销售催收的巨大压力下,代理人的现场控制权往往成为基金方与原所有人争夺的焦点。作为品牌和交易团队的供应商,代理建造商基

于其自身品牌维护的需求,对项目现场的控制也有自己的基本要求,这进一步加剧了项目现场各方之间的控制权冲突。

12.3.4 经营责任分工问题

融资代建项目困境出现后,由于资金方偿债需求与原业主资产保全之间存在根本矛盾,项目运营责任也成为争议焦点。至于经营责任,在简单的委托关系下,代理业务似乎没有问题,代理人作为经营团队自然要承担经营失败的责任。而在融资代理业务中,经营失败的责任分工直接关系到基金方与原所有人的不同利益,也因此成为争议的焦点。

在代建业务中,项目的难处究竟是运营团队的责任还是市场的责任,这是一个常见的问题。但在融资代建项目中,由于资金方和原业主需要面对自身的偿债压力,资金方和原业主都将矛盾指向了代建方的运营团队。但在责任划分问题上,资金方与原业主存在一定分歧,导致双方产生重大分歧和矛盾,主要体现在以下几个方面。

(1)原业主——"钱是你们借的,项目是你们操盘的,现在凭什么要我还"?

由于在此类融资代建业务中,资金方与代建方之间往往存在千丝万缕的联系,可能代建方由资金方推荐,可能资金方由代建方引荐并提供担保,也可能资金方与代建方本来就是关联方,对原业主而言,责任应全部由资金方和代建方自行承担,或者至少应由代建方全额承担对资金方的刚性兑付偿债义务。但是,在法律关系上,代建方与原业主之间只是单纯的委托法律关系,而原业主与资金方之间却有明确的债权债务关系,原业主要求代建方承担偿债义务并没有相应的法律支撑。也正因如此,导致代建方与原业主在操盘责任和融资刚性兑付偿还责任问题上矛盾异常尖锐。

(2)资金方——"我不管你们怎么划分操盘责任,我现在就是要你们还钱"。

对资金方而言,其本身与代建方和原业主的法律关系是较为简单的,资金方与原业主之间存在直接的债权债务关系,因而由原业主偿还资金方提供的借款本息没有任何争议。但是,在目前遇到的融资代建项目困境中,原业主自身的偿债能力往往不足,资金方更加希望能够通过追究代建方操盘责任的方式获取部分补偿。虽然资金方与代建方之间并没有直接的法律关系,但是资金方可通过对项目公司的控制权,借助项目公司这一平台来实现上述诉求,特别是在明股实债的投资模式中,资金方实现上述诉求更为便利。

（3）代建方——"我就是按你们的指示打工的，想追责按合同办"。

对代建方而言，资金方或原业主能否追究其操盘责任，所依据的仅仅只是代建方与项目公司或原业主的代建合同，因而其所承担责任的范围也仅限于代建合同约定的责任，而且在实践中，由于代建方与资金方的密切关系，代建合同缔约前代建方往往也处于相对强势的地位，代建合同内容不会过分追究代建方的操盘责任，在各方追责的矛盾中，代建方反而能处于一个相对超然的地位。

12.3.5　代建方撤出品牌的风险

在融资代建项目的困境中，虽然代建方不需要承担资金方和原业主面临的债务压力，但是代建方作为品牌输出主体，需要面临巨大的品牌风险。面对项目的困境和潜在品牌风险，代建方的常见做法一般是基于各种理由终止代建合同，并宣布撤出公司品牌，但是品牌可能很容易撤出，品牌风险却难以剥离，而这一矛盾主要集中在潜在的业主与代建方的纠纷中。由于业主并不了解项目背后复杂的委托代建法律关系，业主购买项目可能完全基于对代建方的信赖。例如，若融资代建项目后续出现纠纷，代建方虽然可以轻易撤出品牌，但是业主对代建方的信任也将彻底崩塌。同时，地方政府基于维稳压力，也会对撤出品牌的代建方进行一定的约束和控制，即使能够顺利撤出品牌，撤出品牌的这一动作也会对代建方的整体商业信用造成重大打击。在当前房地产市场下行和企业信用危机频发的背景下，撤出品牌后引发的负面效应，对代建方而言可能是多米诺骨牌式的影响。

12.3.6　融资代建项目陷入困境的根源

融资代建项目陷入困境，虽然各有原因，但是总结相关问题，不难发现陷入困境的原因有一定的共同点。

1. 高周转模式下必要的集权管理与控制权分离的固有矛盾

此类陷入困境的融资代建项目在根本上都有一个共同点，即资金方由于其资金成本较高且周期较短，导致其投资严重依赖高周转模式的现金流快速回正，而融资代建项目在法律关系上并不具备高周转模式的基本条件，因而形成了高周转与融资代建三角架构之间的固有矛盾。

由于资金方的资金成本较高且周期较短，如果需要确保资金方顺利支付自

身资金成本,必然需要项目通过高周转快速实现现金回流,为实现上述目的,底层项目需要在强大的运营和管控团队下操盘运营,并实现中央集权管理,且各方之间不能存在分歧。然而,对融资代建项目而言,项目开发过程中必然形成了资金方、代建方与原业主的三角格局,三方之间如对项目开发存在任何一点分歧,就有可能导致开发周期延长。随着开发周期的延长,资金方在资金压力下对项目的管控要求会越来越高,与原业主在项目控制权方面的矛盾也越来越激烈,最终导致项目陷入困境。

同时,对代建方而言,面对资金方与原业主上述矛盾引发的控制权之争,左右为难的代建方身份更为尴尬,特别是在代建方与资金方之间存在复杂关联关系或合作关系的背景下,代建方能否顺利操盘项目将受到资金方与原业主方矛盾的掣肘,项目也极易从困境陷入彻底停顿及崩溃状态。

2. 缺乏核心的三角格局出现的零和博弈与囚徒困境

融资代建制形成了资金方、原业主方和代建方的"三角格局",而这种三角格局正是导致项目陷入困境的重要推手,理由如下。

(1)在囚徒困境的三角格局下缺乏平衡各方利益的主体。

在融资代建制的三角格局下,资金方与原业主方之间的利益诉求存在巨大差异,该差异在一定程度上可以称得上水火不容。但是,之所以存在利益诉求的巨大差异,根本原因是:在融资代建项目三角格局的利益分歧之下,各方出于自身利益最大化考虑,往往趋向于零和博弈,各方均选择对自己最有利的方向以获取最大利益,反而导致各方均选择了对解决困境而言的最差解。按照博弈论的观点,出现此种现象属于商业理性人的客观选择,但是从推动项目正常化的角度来说,无法解决此类困境的核心问题在于缺乏推进项目的核心主体,即缺乏一个能够震慑各方的主体来平衡各方的利益,以逼迫各方选择解决项目困境的最优解。

(2)三角格局下缺乏最终责任承担主体。

由于融资代建项目在各方利益诉求差异下容易出现零和博弈的囚徒困境现象,一旦出现项目困境,除了缺乏平衡各方利益的核心主体,三角格局下的各方还往往容易出现责任划分问题。正如笔者在前文中提到的各方责任承担分歧,三角格局下的各方都有推脱责任的理由。因而在发生争议时,即使将争议诉诸法庭,这一案件也会因为法律关系复杂而导致案件审理陷入僵局,尤其在部分资金方通过明股实债投入的融资代建项目中,这种争议更为突出。

（3）谁才应该是三角格局中的核心。

对于"谁是融资代建项目的核心"这一问题，一般人往往认为，资金方和代建方都是为推动项目开发而被原业主引入的，原业主方自然而然应当是三角格局中的核心。但是，笔者认为，三角格局的核心应当是资金方而非原业主方，因为对资金密集型的房地产开发企业，资金永远是推动项目正常运营的核心，拥有资金实力和资本运作能力的资金方才是项目顺利推进的核心，且资金方的理性商业判断也是项目实现顺利运营的基石。

在传统的房地产开发项目中，项目地块持有人（即原业主方）负责承担项目开发失败的最终法律责任，其引入资金方是为了给项目提供开发所需资金。由于项目推进速度由其掌控，面对资金方，原业主方须无可推脱地承担最后的法律责任，那么，原业主作为传统项目的核心无可厚非。但是之所以形成"融资代建"这种业务模式，根本原因在于原业主方缺乏项目开发的资金基础和基本开发能力、品牌溢价能力，而且项目本身因原业主方自身问题或项目问题而无法通过股权或资产转让方式转让至其他开发主体，故而原业主方需要在引入资金方和代建方的基础上推动项目开发。因此，基于上述背景，在融资代建项目中，原业主方不能作为融资代建项目的核心。

3. 缺乏资金和操盘能力的原业主方过度干涉项目进程

在实践中，原业主方常常占据项目的核心主导地位，过度干涉项目进程。

（1）相比资金方与代建方，原业主方对项目开发进度存在过度忧虑的倾向，且作为融资代建项目中的债务人，项目的成败将直接影响其商业信誉，因而其对项目的关注程度要远远超过资金方和代建方。

（2）作为融资代建法律关系中的委托人，原业主方与代建方之间形成的是委托法律关系，原业主方插手项目开发进度显得更加"理所当然"。同时，在面对资金方施加的偿债压力时，原业主方更加容易将矛盾焦点转移至代建方的操盘能力和销售能力，这种干涉也随着项目困境的延续而变本加厉。

原业主方过度干预项目进程的危害是显而易见的。由于资金不足和缺乏专业的操盘能力，原业主方在市场下行压力下所做出的的商业判断往往存在重大偏差，无论是过于激进还是过于保守的开发策略，都有可能导致项目彻底陷入僵局。同时，项目的巨大销售困境也将激化原业主方与资金方和代建方的矛盾。

4.资金方的资本运作能力较差,导致无法通过资本化运作化解困境

资金方与原业主方的矛盾激化导致融资代建项目无法顺利运行的另一原因是,资金方的资本运作能力不足以匹配项目开发投入所需的资金,简单来说,就是资金方自身的融资能力较差。该种情况主要出现在代建方基于自身信用通过高杠杆融资的项目中,即代建方或代建方的关联方作为资金方,或资金方放款依赖代建方信用且代建方向资金方提供担保等刚性兑付义务。当然,如果资金方融资能力较差也会出现相应困境,但是这种情形在实践中相对较少。之所以存在上述现象,主要原因如下。

(1)项目本身资质较差,资金方投资项目的意愿较低,且资金方投资项目的整体风控判断基于代建方的商业信誉。在该类型中,由于资金方不看好项目的未来发展,资金方投资的基本判断是在引入代建方的前提下有一定机会实现项目增值,更加类似于资金方向代建方发放一笔信用贷款,因而此类项目更容易出现前述问题。

(2)代建方投资意愿较强而引入资金方。在过去几年中,部分房地产企业为冲规模,往往在忽视项目客观资质的情况下大量获取项目,而对于部分资质较差的项目,代建方往往以为通过"融资代建"的模式可以最大限度规避风险,因而利用自身商业信誉人为地强行引入资金方。在这种情形下,资金方基于代建方商业信誉而投入的可能性就会大大增加。

另外,目前的融资代建项目困境也是受大环境的影响。近年来,在国家金融监管环境趋严且整体去杠杆的大背景下,资金方融资能力已经成了影响融资代建项目顺利推进的关键因素。如果资金方本身是具备成熟资本运作能力和风险控制体系的金融机构,还可以通过其他手段实现项目的正常周转。但是,如果资金方是跨界从事资本运作的代建方关联公司,或资金方的放款严重依赖代建方信用且代建方须承担刚性兑付义务,则此时资金方也将丧失基本的融资能力。

12.3.7 融资代建项目脱离困境的方法

陷入困境的融资代建项目法律关系复杂,缺乏核心背景,容易出现激烈的控制权之争,因此此类项目陷入困境以后较难摆脱。结合此类项目出现困境的表现和具体原因,笔者想提出一些脱离困境的思路,希望能为此类项目提供一定的借鉴。

1. 重新确立以资金方为核心的项目公司治理结构

融资代建项目产生困境的原因之一即缺乏核心的三角格局,导致融资代建项目容易出现零和博弈下的囚徒困境,解决困境的第一步是需要重新确立一套以资金方为核心的项目公司治理结构。具体应当从如下方面实现。

(1)各方共同妥协,实现资金方对项目公司短期内的绝对控制权和话语权,该期限不应晚于资金方所投入资金悉数收回或项目重新回归正常运转的时间。控制权包括但不限于对项目公司股东会和董事会的绝对控制权,以及对高管及操盘团队的任免权、财务管理权和各个职能条线的管控权。资金方可以在项目开发和运营等领域听取代建方和原业主的意见或建议,但是在确保资金方的资金安全之前,代建方和原业主必须严格按资金方的意志执行。同时,在实现对项目的全面控制后,资金方也应当适当降低或豁免原业主的债务清偿义务,例如可通过减免原业主部分或全部债务、调整债务清偿模式等形式适当降低原业主的偿债责任。

(2)资金方全面获取项目销售定价权,由资金方来决定项目后续的销售方案。对陷入困境的融资代建项目而言,资金方的快速变现与原业主的资产保值和增值是核心矛盾,而解决矛盾的核心即由谁掌握项目的销售定价权。虽然在这一问题上,资金方与原业主均各自有其内在逻辑,但是若想从根本上解决项目困境,销售定价权仍应由资金方掌握。原因很简单,作为项目的实际投资方,资金方比原业主更能从理性角度看待和分析项目的未来走向,而且资金方的核心诉求并不是全面贱卖项目资产,其更多是为了在维持项目稳定的前提下获得自身债权的回收,因而与原业主相比,资金方有更多的理性分析和决策能力。同时,原业主的诉求也应当予以重视和保障。原业主的核心诉求为资产保值和增值,因而在制订营销方案时,也应当注意控制短期降价销售方案的适用期限和适用范围,即降价销售方案应当是短期安排,期限不应晚于资金方投入收回的截止日,同时降价销售的产品不应当针对项目的重要核心资产,而应当保留部分给原业主。

2. 原业主必须从项目公司控制权和项目操盘权中全面退出

对于解决融资代建项目困境而言,与构建以资金方为核心的融资代建项目治理结构相反的,是要从项目公司治理结构和项目的操盘团队中彻底清退原业主的影响,即原业主必须从项目公司的控制权和项目操盘权中全面退出,具体应

当从如下方面予以实现。

（1）原业主放弃对股东会和董事会的控制权，将股东会和董事会的绝大多数事项的决定权交由资金方行使，这一点笔者在前文中已有陈述，在此不做赘述。

（2）原业主将其委派人员从项目操盘团队中全面撤出。部分融资代建项目，原业主基于对代建方的信任不足等因素，故意向操盘团队委派了相当数量的人员。相关人员虽然同为项目公司员工，但是其个人并不接受代建方管理，且经常代表原业主意见干涉代建方操盘。面对由此引发的项目困境，唯一的解决路径即消除原业主对项目操盘团队的影响，核心是要求原业主撤回其委派至项目公司的所有人员。

（3）在要求原业主放弃相应权利的同时，应当确保原业主必要的知情权和监督权，但是该知情权和监督权应当在适当的范围内。例如，可允许原业主向项目公司委派一名监事，同时向操盘团队委派一名销售监管人员，但是在一般情况下，不应接受原业主向项目公司委派财务及印章管理人员或从事类似职能的人员，避免在极端情况下原业主的非理性举动导致项目重新陷入困境。

3. 代建方与资金方混同情况下引入其他金融机构开展资本运作

针对代建方与资金方混同（即前文中笔者提到的代建方关联公司作为资金方，或代建方为资金方提供刚性兑付支付义务）的情况，化解此类项目争端的核心要点除重新确立以资金方为核心的公司治理结构外，还应当引入其他金融机构，最好引入具有成熟资本运作能力的金融机构来作为新的资金方。引入新的资金方来进行项目投入，除能通过其优秀且成熟的资本运作能力为项目带来稳定融资外，严格区分代建方与资金方的界限也有利于资金方更好地作为主导方推动项目进程，同时也避免原业主以代建方与资金方的特殊关系为由，重新介入项目开发。

由于融资代建项目的特殊性，陷入困境的融资代建项目在成熟的金融机构眼中往往意味着内部纠纷较大且法律关系复杂，因而引入其他金融机构必然需要代建方付出一定的代价，但是为避免项目再次陷入此前的困境，引入其他金融机构时，代建方应当坚持如下几点。

（1）引入资金方可采用转让自身对项目公司或原业主的债权（或相关权益）等形式实现，但是待引入的资金方应能与原业主保持良好的沟通和合作，至少应当确保原业主接受资金方所提出的合理条件。

（2）不承担任何刚性兑付义务或向资金方做出任何兜底性承诺，最多可接受代建方灵活获取此前的投资收益或做出一定的操盘业绩承诺,但是此类承诺也不能具有强制性。

(3)引入资金方应当接受以资金方为核心的强管控形式,摆正己方作为代建方的角色,不再主导或参与项目公司治理;适当放弃或暂缓履行其作为代建方的权利,例如豁免或缓收代建管理费等。

4.通过强制或诉讼手段清退原业主

一般情况下,各方能够在友好协商的背景下实现利益平衡并推动项目恢复常态,但有时友好协商无法从根本上解决问题,甚至各方已到了无法协商的程度。对于此种情况,必然需要通过一些特殊手段来解决分歧并恢复项目正常运营。

(1)资金方与代建方共同接管项目现场并强制清退原业主。

在融资代建项目中,由于代建方实质控制项目现场,如果资金方与代建方相结合,在一定程度上可以实现控制项目现场并清退原业主的目的。但是如果采用该手段,应当满足如下条件。

①资金方持有项目公司股权且按协议约定享有对项目公司的控制权和监管权,但是因资金方自身问题而无法落实相关权利。

②原业主已严重违约,其过激和非理性行为已导致各方签署的相关交易文件无法履行,且根据协议约定原业主已实质丧失对项目的任何权益(包括但不限于项目公司已实质资不抵债或根据对赌条款原业主已丧失对项目公司的权益)。

③代建方与资金方之间保持高度信任或高度一致性,或资金方与代建方本身就有关联。

需要强调的是,虽然强制手段能够帮助资金方获得项目公司的控制权并暂时恢复项目正常运营,但是相关手段并不能从根本上解决问题,后续实现项目解困仍然需要各方的协商。

(2)诉讼手段清退原业主。

对于长期无法解决争议的融资代建项目,诉讼手段是资金方和代建方维护己方权益的最后手段。但是诉讼即意味着漫长的诉讼流程和原业主的长期反复拉锯。而且,在诉讼期间,资金方与代建方的损失在持续扩大,对资金方和原业主而言并不利。因而笔者认为,在诉讼期间资金方和代建方仍应当做到如下几点。

①诉讼期间代建方可以撤出己方品牌,但是仍然要控制项目现场并持续推

动项目正常开发,一是因为持续控制现场有利于后续执行,二是因为持续推动项目开发有利于最大限度减少己方及资金方损失。

②资金方应继续为项目后续开发提供最低限度的必要资金,因为当且仅当项目还能正常开发的情况下,项目才能产生持续现金流,也才有一线机会能实现己方债权的正常受偿。

③资金方应当采取必要的诉讼保全措施,全面查封并冻结项目公司名下全部财产,但是查封行为尽量不要影响项目正常运营及销售。同时,虽然融资代建项目法律关系较为复杂,但是在诉讼中应当尽量选取简单的法律关系进行诉请,即资金方与代建方分别基于其债权债务关系与委托关系向原业主和项目公司进行追讨,切忌将案件事实复杂化,尤其在资金方与代建方关系密切的项目中,更要注意这一点。

12.4　代建管理项目各岗位职责

代建管理项目具体到各个工作岗位时,则需要从以下方面来完善工作。

1. 代建管理项目管理部经理岗位职责

(1)作为代建单位法定代表人授权的全权代表,全面履行项目委托代建管理合同,对项目管理负总责。

(2)负责实现项目合同文件设定的项目目标。

(3)负责组织落实项目管理过程中的相关事宜。

(4)负责建立项目管理部,以及设置项目部内部工作岗位及职责,并适时调整。

(5)负责建立项目部质量管理体系和 HSE 管理体系。

(6)负责落实参与项目实施各方的分工和工作关系,协调处理项目管理外部沟通事宜。

(7)负责项目管理大纲的制定、组织实施、控制。

(8)负责组织编制和审定项目工作计划、资金使用计划、项目预算、采购合同等技术文件,监督落实相关计划的实施。

(9)决定与控制工程实施过程中的各类变更许可事宜。

(10)负责审定项目资金的使用与支付。

(11)对重大事项的处理提出处理意见和建议。

2.代建管理项目商务经理岗位职责

(1)协助项目管理部经理负责项目管理大纲投资控制及项目成本控制的管理。

(2)负责项目管理部采购方面工作的计划、组织、落实。

(3)负责组织商务谈判和价格的落实。

(4)负责审核招标文件、评价报告、合同文件。

(5)负责组织物资、设备的询价及审核合同价格的调整。

(6)负责组织解决有关合同及商务方面的争议。

(7)负责项目的财务管理工作。

(8)参与项目管理中重大问题的决策。

(9)协助项目管理部经理对项目内部进行管理。

3.代建管理项目技术负责人岗位职责

(1)协助项目管理部经理负责项目策划与实施的管理。

(2)负责建立项目质量管理体系和 HSE 管理体系,并组织实施。

(3)组织对设计方案和初步设计方案的评审、施工图纸进行会审,及对工程设计工作进行管理。

(4)负责施工组织设计及重大施工方案的审批。

(5)负责现场施工质量、进度检查、管理和协调工作。

(6)负责现场重大质量、进度问题的处理。

(7)负责工程创优的组织、检查和申报工作。

(8)负责公司技术支持系统的协调。

(9)参与项目管理中重大问题的决策。

4.代建管理项目计划协调部岗位职责

(1)负责项目各职能部门间的总协调工作。

(2)负责项目前期外部市政条件的落实。

(3)负责办理相关政府职能部门的行政审批手续(包括人防、消防、园林、环保、交通、地震、市政管网等)。

(4)负责办理规划许可证、施工许可证、开工审批表等项目前期开工手续。

(5)负责落实施工临时水电的申报。

(6)负责办理竣工阶段政府相关部门验收手续。

(7)协助项目管理部经理编制项目管理范围内的工作分解结构。

(8)负责编写项目前期工作计划、项目建设总进度计划和拟定资源需求计划。

(9)审核项目实施中各工作单位上报的阶段性工作计划。

(10)做好项目实施进度控制。

(11)负责跟踪项目实际进度情况,提出相应的进度计划调整建议,报经项目管理部经理审定后实施。

5. 代建管理项目工程管理部岗位职责

(1)协助项目管理部经理做好组织编写、审查设计任务书、设计需求质量计划等设计文件。

(2)负责编制招标文件中的技术文件部分。

(3)负责设计可行性与可靠性、设计优化等的论证。

(4)负责协调组织项目工程各专业工程的质量监管。

(5)负责项目实施的安全和文明施工监管等工作。

(6)协助项目管理部经理解决工程技术问题和工程变更的管理。

(7)组织项目部审查各个标段的施工组织设计和重大施工方案。

(8)负责编制各阶段的施工计划。

(9)负责审核施工单位的重大施工方案。

(10)协助项目管理部经理组织工程完工后的竣工验收。

(11)负责工程移交及工程保修工作。

6. 代建管理项目投资咨询部岗位职责

(1)负责对项目建设的各方面条件及建成后的运营情况进行评估,包括市政条件、资金使用计划、运营费用等。

(2)负责年度投资计划的报批工作。

(3)负责项目的工程造价控制与资金管理工作,实现工程造价控制目标。

(4)负责编制项目投资计划和项目资金使用计划。

(5)负责编制工程造价控制工作方案,提出工程造价控制建议,报经项目管理部经理确认后实施。

(6)负责组织预算审核、工程量清单编制、结算审核、决算报告等编制工作,并负责施工过程中工程量的核实。

(7)负责核对财务付款明细,适时向项目管理部经理报告工程进度与工程款交付情况。

(8)负责审核各类工程付款的申请并提出初步审核意见,报项目管理部经理及使用单位审核,协助财务人员办理项目用款支付手续。

(9)负责市场询价工作,及时搜集材料、设备价格变动信息,提供工程造价动态调控方法并协助实施。

(10)编制竣工决算报告。

7.代建管理项目招标采购部岗位职责

(1)根据项目建设总进度计划及有关招标采购技术要求,编制项目招标采购计划,明确项目招标采购工作的范围、进度、原则和程序。

(2)制订招标采购工作方案,报经项目管理部经理确认后实施。

(3)配合项目技术人员编制采购技术要求,组织编制采购招标商务文件。

(4)组织对分包商报价的商务评价和综合评审工作,择优选择合格的分包商及供应商。

(5)协助招标代理单位对外办理与招标工作相关的各类申请、备案手续,并负责准备、编制相关文件资料。

(6)负责组织合同起草和谈判,协助项目管理部经理签订工程及物资采购合同。

(7)负责分包合同的实施和管理,监管合同和各承包方的履约行为,办理相关履约文件,对分包商和供应商的履约情况进行评价、考核。

(8)协助项目管理部经理做好合同签订后、执行过程中产生的相关变更及补充协议的管理。

8.代建管理项目综合管理部岗位职责

(1)负责项目所有的账目管理,执行工程预算和用款计划,申请和管理项目账户内资金,办理工程款支付手续等工作。

(2)收集、整理项目的各类资料、文件、工作成果,并编目、归档。

(3)负责归档的各类资料、文件、工作成果的使用、查询、借阅管理工作。

(4)负责组织竣工资料的编制、归档、备案、移交工作。

(5)负责项目内外部往来函件、文件的接收、发放工作。

(6)负责管理项目各类会议,整理、收集相关会议纪要,并监管会议决议的执行情况,及时反馈各方意见、建议与信息。

(7)负责各外部单位对项目进行检查、参观等事宜的接待工作。

9. 代建管理项目专家顾问组岗位职责

代建管理项目专家顾问组的岗位职责是,对投资决策、工程设计、施工难点、风险控制及法律法规等方面提供咨询服务,并提出指导性建议,以确保工程的顺利进行。

12.5 融资代建单位的主要职责

(1)协助建设单位推进项目前期工作。

(2)严格按照国家、省、市有关招投标法律法规,组织工程勘察、设计、监理、施工和材料设备采购等的招标工作。

(3)负责项目各类施工、设计、采购等合同的起草、谈判、签订和管理工作,并按《中华人民共和国合同法》行使建设单位的权利,履行建设单位的义务。

(4)负责工程进度的管理。

(5)负责工程质量的管理。

(6)负责按有关规定进行安全管理和文明施工管理。

(7)负责项目的建设档案和信息管理。

(8)负责工程建设项目投融资管理工作:①负责代建项目的融资,多渠道筹措项目建设资金,严格控制融资成本和资金使用成本,严格按照工程建设合同约定支付工程款;②负责工程结算和编制工程竣工财务决算,申请决算审查和项目审计,按相关规定及时办理竣工决算,办理各专业工程在保修期内工程尾款的支付;③负责按照财政部门的要求设立项目基建专户,专人管理,专款专用,严格对项目建设的财务活动实施会计核算和财务管理。

(9)负责办理项目总体竣工验收及移交。

(10)负责其他代建管理工作。

12.6 融资代建制与各建设模式的因承关系分析

融资代建制的构建奠定了项目组织方法的基础。融资代建制借鉴了·PFI思想并与中国具体情况相结合,实行公共工程项目的公-私合作建设和管理。政府可以仅投入少量资金,甚至无须投入任何资金,注重发挥应有的职能作用,以及协调民间资本及其他资本使项目建设更有效率和效果即可。政府的角色从传统的资产所有者和经营者转为服务的监督者和保障者,私人公司成为服务的长期供应者而不仅仅是资产的建造商。图 12.3 反映了融资代建制与各建设模式的因承关系。

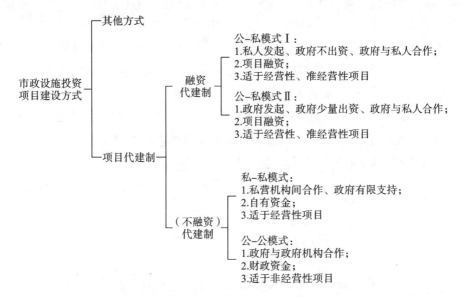

图 12.3　融资代建制与各建设模式的因承关系

　　要使代建制真正发挥作用,首先必须搞清楚两个问题:一是为防止在贯彻执行的过程中代建制被变形,各建设主体应首先搞清楚什么是代建制;二是如何解决国家出资项目长期存在"工期马拉松、投资无底洞、质量无保障"问题。为此,本书认为,需要将代建制以初步设计批准为界,分为两个阶段进行,并以实施阶段为重点开展代建制。实施阶段国家应以目标责任制、风险索赔制和履约担保制为主线,对工程建设过程实施动态控制。国家作为委托方,委托社会专业化项目管理单位,改变传统的由建设指挥部向使用单位负责的管理模式,改由代建单位向国家负责,确保国家投资资金得到有力控制。在实施阶段,使用单位应负责项目建设的外部环境,包括建设用地、用水、用电等资源提供问题。代建单位可以自营设计、监理、招标代理等业务,但不宜自行承担施工和采购任务,以提高自己的履约能力,合理转移风险。国家投资管理部门为了保证国有资金得到合理利用,避免不正常的流失,应负责代建单位的选择、项目功能设计与变更的审查

认定、建设资金的管理和工程项目的验收等工作。

12.6.1　建设市场与代建制

理论上的建设市场：需方首先提出建设项目的功能要求，建方作为供方向需方提出满足项目功能要求的报价，得到需方承诺后，建设合同形成。实际上，建设项目的主体情况很特殊也很复杂。例如，在一个水利工程项目中，地方政府作为需方提出了建设项目的功能要求，但没有建设资金，它需要国家资金进入，于是需方的所有权（资方）和使用权（用方）会发生分离。目前，国家出资方式有两种：一种是国家资金以资本金注入方式援助地方政府，地方政府仍以独立的需方组建建设单位；另一种是随着国家投资体制改革的实行，国家资金可以以投资方式进入非经营性政府投资项目中，国家将作为资方、地方政府作为用方合作成为项目的需方，并委托社会专业化项目管理单位组建建设单位。为了区分由地方政府部门作为独立需方组建建设单位的传统指挥部模式，我们把后者称作代建制。因此代建制具有如下特点：①资方是国家，需方分离为用方和资方；②建方是社会专业化项目管理单位，被称作代建单位。

12.6.2　代建制的探讨

目前，国家希望通过建立代建制，来解决其出资项目存在的"工期马拉松、投资无底洞、质量无保障"问题，但是对于如何建立代建制，还有很多问题需要进一步探讨和落实。例如，在代建制项目中，委托方是谁、从什么时候开始、是否需要分阶段进行、各阶段的目标和任务是什么、如何划分建设各方的责权利等，这些问题不探讨清楚，就无法解决其他问题，最终还是会回到这些问题上来。下面针对这些问题作以下探讨。

1.国家资金投资至项目初步设计获得批准为止

使用单位必须认识到：当项目建设需要实施代建制时，为了让代建单位在实施阶段更好地控制风险，国家资金最早可以在项目立项获得批准时介入，最迟可以到初步设计获得批准为止。因为，施工图设计必须由代建单位负责实施，以便代建单位协调设计方与施工方的矛盾。当国家资金需要在初步设计批准前介入时，确定项目造价、工期和功能的任务可由代建单位来完成，但此阶段的重点是保证项目功能满足使用方的要求，因此由项目使用方委托代建单位来实施更合理一些。因为此委托由代建单位向使用者负责,所以工程造价有可能会处于失控状态,国家应通过建立目标责任制来作为控制造价的措施。如:在委托合同中明确对代建单位进行奖罚考核,奖罚额度可以按超过上一阶段目标值的10％～30％来控制,此奖罚的对称性体现了合同双方的公平性,同时也保证了各建设主体的利益。因为这次对目标值的预计节省,不是真正意义上的节省,所以奖罚比例不宜过高。但是,因为代建方为降低项目实施时的风险,希望最终的初步设计预算留有余地,所以,奖励作用较小,形成的初步设计预算可能会偏高。因此,在项目初步设计获得批准后,国家应通过招投标重新确定代建单位,并通过比较标书中的工程预算来重新选择代建单位,这一措施可以消除导致工程预算偏高的一些消极因素,促使代建单位在目标责任制的作用下降低工程预算。事实上,本阶段不存在"工期马拉松、投资无底洞、质量无保障"问题,因此可以由使用方按照国家资金介入前的建设模式进行,即由使用单位按照项目管理制的要求委托工程建设咨询单位来完成。这样既可以简化程序,提高工作效率,又能在有限资金下实现项目功能最大化。国家可以采用"先借后给"的支付方式,并按照"估算控制概算、概算控制预算"的原则,审查初步设计,不符合这一要求的初步设计有权不予支付建设资金。

2. 项目初步设计获得批准后的主要任务是实现初步设计中的各建设目标

为了解决"工期马拉松、投资无底洞、质量无保障"问题,必须改变传统的指挥部模式,实行代建制,国家资金由注入方式变为投资方式。为了保证实现预期目标,代建单位应由国家投资管理部门委托,让代建单位对国家负责,并通过招投标确定。

(1)资方该阶段的关注焦点是建设目标的动态控制。国家可以建立目标责任制、费用索赔制、履约担保制等来分配主要的建设风险。为了发挥目标责任制的作用,应该对代建单位提出的造价目标进行考核,奖罚额度可以控制在超过目标标准的50％～70％。由于这是真正意义上的节省,标准过低,代建单位会产生宁可花钱不愿省钱的动力,当然标准过高也不符合市场双赢的规律。在索赔制问题上,假如不给代建单位索赔权,代建单位只能增加风险费用。那么当风险不发生时,国家因无故支付此项费用而受到损失;当风险发生时,此项费用不能抵御风险,造成代建单位破产,结果还是国家受损。因此,费用索赔制是降低工程造价的合理制度。

（2）代建单位可以自营设计、监理业务，考虑到代建单位以工程咨询单位为主，注册资本较低，因此不宜承担施工任务，以便国家控制建设风险。但是，由于代建单位具有市场行为特征，当代建单位具有自营能力时，国家不应强行规定代建单位必须将各专业工作，通过招标形式委托给别的社会专业化项目管理单位实施。尽管委托方对代建单位进行了上述限制，但代建单位还是根据合同法向委托方提供业务额 10%（包括自营业务）的履约保证金，作为履约担保。

（3）使用单位应协调好参建各方（代建、监理、设计、供货商、承包商）与当地的各种关系，解决好建设用地、用水、用电等资源问题。考虑到政策处理所需的费用弹性很大，且属于政策性很强的工作，不宜由以技术型为主的代建单位承担，所以该项工作宜由使用方负责实施，国家资金宜以补助的形式由使用方包干使用。同时，使用单位需要对工程初步设计进行变更时，应首先取得代建单位的书面意见，然后再报国家投资主管部门审批；代建单位应本着对国家负责的态度，做好参谋工作；国家投资主管部门应根据使用单位和代建单位的意见，决定是否批准进行初步设计变更。不管此类变更是否被批准，使用单位都不得以此来为难代建单位，或在工程验收时发难，所以建设项目验收应由国家投资主管部门组织。

12.6.3 建设市场上常见的几种建设管理模式与代建制的关系

1. 项目管理制

项目管理制又分项目管理服务和项目管理承包。由业主委托社会项目管理单位对其项目管理行为进行咨询、服务，称为项目管理服务；由业主委托社会项目管理单位全权行使建设单位项目管理职能，称为项目管理承包。这种模式与代建制比较接近，只是由所有权和使用权合一的业主代替了所有权和使用权分离的地方政府和国家。理论上说，代建单位和建设单位一样，都可以通过委托社会项目管理单位进行项目管理；但是实际上，由于代建单位本身就是项目管理单位，它不存在再次委托问题，因此可以理解为代建制是项目管理制的一种特殊形式。在政府参与的项目建设中，项目管理制与传统的指挥部模式相比，由于社会专业化项目管理单位介入，解决了"只有一次教训，没有两次经验"的问题；但在解决"工期马拉松、投资无底洞"问题上，笔者认为没有实质性帮助。建议采用代建制模式来解决这一难题，即由国家投资主管部门委托社会专业化项目管理单位实施建设单位职能。

2. 建设监理制

建设监理是指监理单位受项目法人委托,依据国家有关工程建设的法律、法规、规章,以及批准的项目建设文件、建设工程合同和建设监理合同,对工程建设实行的管理。它是项目管理服务的一种特殊形式,目前实行的是施工阶段的建设监理制,设计阶段和招标阶段的建设监理尚不成熟,因此较少实施。在实行项目代建制后,因为代建单位本身就是社会专业化项目管理单位,所以一般不需要监理单位介入。但监理单位可以在建设市场中继续为项目法人提供项目管理服务或咨询工作;也可以作为社会专业化项目管理单位成为代建单位,为国家提供代建服务。

3. "交钥匙"模式

"交钥匙"模式是由建设单位承包全部建设任务的一种建设管理模式。它是一种费用包干制,除此之外,它和项目管理承包制相当接近。由于"交钥匙"模式采用费包干制,风险较大,由社会专业化项目管理单位担任建设主体已经不大适合;一般应由具有一定规模的施工企业来实施,但这种模式如何保证项目的使用寿命值得探讨。

4. 总承包模式

总承包模式(engineering procurement construction,EPC)是建设单位将施工图设计、设备采购和工程施工全部委托给一家单位实施的管理模式。这种模式可以降低建设单位的风险,将一部分风险转移到参建单位身上,因此无论是项目管理制还是代建制,建设单位均可采用此类管理模式来降低建设风险。

12.7　市政道路投资项目的公私合作模式

传统市政设施投资项目提供的产品是由政府提供、民营部门生产的。而现阶段,民营部门不仅参与生产,还能参与市政设施项目的投资、运营和管理。这种民间参与基础设施建设和公共事务的管理的模式通称为公私合作模式,即PPP模式。而这种特许经营模式是民间参与市政设施投资项目建设和运营的主要形式。这种模式不同于民营化。民营化除私人拥有外,其运营主要受制于

市场机制和政府一般性规制。特许经营则是合作的责任、风险和回报主要受制于特许权出让合约。

在国外，PPP模式下的城镇市政设施的投资、建设、运营已经比较规范，城镇市政设施投资项目主要分为三类：新建设施、改扩建设施和已建设施。特许经营模式针对不同分类而不同，具体如表12.1所示。

表12.1　特许经营模式运营归类

设施类型	适用模式
新建设施	建设-运营-转移(BOT)，建设-运营-拥有-转移(BOOT)
	建设-转移-运营(BTO)
	建设-拥有-运营(BOO)
改扩建设施	租赁-建设-运营(LBO)
	购买-建设-运营(BBO)
	扩建后经营整体工程并转移(wraparound addition，WA)
已建设施	转移-运营-转移(TOT)
	服务协议(service contract)
	运营和维护协议(operate & maintenance contract，OMC)

近年来，我国的城市基础设施建设发展迅速，但同时政府财政资金不足的问题也日益突出，成为制约城市进一步发展的阻碍。传统的市政工程项目往往仅由政府部门承担，不但加大了政府部门的财政负担和融资风险，也使市政项目的建设运行难以达到良好的效率。这是在世界各国都普遍存在的现象。如今，技术的进步使得一些公用物品的排他性成为可能，并使自然垄断属性行业也不断出现市场竞争的可能性。大量证据表明：通过市场导向的资源配置，公共部门的效率低于民营部门。因此，民营部门不仅生产公用物品，还有可能参与市政工程项目的投资、运行和管理。这种公私合作趋势已成为一种世界性的潮流。借鉴国外经验，在市政工程项目中引入民间资本已经成为理论界和实践界的共识。然而，是否选择PPP模式，选择哪种PPP模式会因市政工程项目的特点、所有权的归属、风险承担的程度、当地政府的体制、政策和法规的不同而有所不同。

12.7.1　PPP模式适用的整体条件

PPP模式的本质即通过政府政策的引导和监督，在政府资金的支持下，在项目的建设期和运营期广泛采取民营化方式，向公用事业领域引入民间资本。

PPP 模式中,通常将公用事业的大部分甚至整个项目的所有权和经营权都交给社会投资者,从而引进专业化管理,达到建立市场竞争机制、提高服务水平的目的。PPP 模式的核心就是随着市场竞争机制的形成,通过招标方式选择最佳投资商、建设商和运营商,降低项目建设和运营等环节的成本,从而保证公共事业的服务质量,进一步保障消费者利益。PPP 模式能否成功运用于公用事业项目取决于多个因素,从国外近年来的经验来看,以下几个因素是成功运作 PPP 模式的必要条件。

1. 政府部门的有力支持

在 PPP 模式中,公共民营合作双方的角色和责任会随项目的不同而有所差异,但政府的总体角色和责任——为大众提供最优质的公共设施和服务——却是始终不变的。PPP 模式是提供公共设施或服务的一种比较有效的方式,但并不是对政府有效智力和决策的替代。在任何情况下,政府均应从保护和促进公共利益的立场,负责项目的总体策划,组织招标,理顺各参与机构之间的权限和关系,降低项目总体风险等。在此模式中,政府部门应当作为广大公众及社会的代言人,需要从项目的整体长远效益出发,利用法律赋予的权利,约束资方和运营方因自身利益驱使而进行的短视行为,协调好项目各方的责、权、利,这也是一个政府充分行使职能的重要指标。

2. 清晰的法律、法规制度

PPP 项目投资成功与否在很大程度上取决于项目所在国是否有足够完善的法律结构。大多数外商和投资金融机构习惯于在较复杂的法律环境中工作,他们认为一个相对全面的法律结构对他们的利益是至关重要的。一套明确而又有效的法规会有利于该活动的开展,而不合理的规章和法律结构也会破坏有关各方所签合同的有效性。

PPP 项目的运作需要在法律层面上,对政府部门与企业部门在项目中需要承担的责任、义务和风险进行明确界定,保护双方利益。在 PPP 模式下,项目设计、融资、运营、管理和维护等各个阶段都可以采纳公共民营合作,通过完善的法律法规对参与双方进行有效约束,是最大限度发挥优势和弥补不足的有力保证。

总体来说,国家对于 PPP 项目发布的一系列法律法规从其脉络来看,是逐渐清晰和明确的,对于现阶段 PPP 项目起到了有效的指导作用。但是由于 PPP 项目的复杂性和多样性,国家的 PPP 项目法规仍然需要进一步完善和发展,以

适应国家各项基础设施建设及私营、外资资本的投资需求。

3. 专业化机构和人才的支持

PPP 模式广泛采用项目特许经营权的方式进行结构融资,这需要比较复杂的法律、金融和财务等方面的知识。一方面要求制定规范化、标准化的 PPP 交易流程,对项目的运作提供技术指导和相关政策支持;另一方面需要专业化的中介机构提供具体专业化的服务。目前来看,由于 PPP 模式项目的发展历史有限,专门从事 PPP 研究和实践的人才及机构相对于 PPP 的发展速度来讲是滞后的。解决这一问题不仅需要我们大力培养相关人才,还需要各政府及中介机构在项目的基础上进行广泛的交流,在实践中不断总结和提高。

12.7.2　各种 PPP 模式的适用性分析

PPP 是一种项目建设的整体理念,是一个大的概念范畴,而不是一种特定的项目融资模式。因此,不能将 PPP 与 BOT、TOT 等特定项目融资模式并列起来进行比较,PPP 是包括了 BOT、TOT 等模式的公私合作关系的总称。公用设施项目的全寿命周期的各个环节都可以采用公私合作方式,其中包括项目设计、项目管理、项目建造、融资、营运和管理、维护、服务和营销等,对于不同环节,PPP 的具体实现方式也会不相同。我们需要结合项目自身的特点分析出最合适的 PPP 实现形式。

1. 外包类

外包类项目一般是由政府部门投资,民营部门承担整个项目中的一项或几项职能,例如只负责工程建设,或者受政府部门之托代为管理维护设施或提供部分服务,并通过政府付费实现收益,因此不存在收益风险。在外包类 PPP 项目中,民营部门承担的风险相对较小。外包类项目的一个共同点是政府部门拥有项目的资产所有权,外包类项目合约期限相对较短,一般为 15 年以内。而且除了 BTO 模式,其他模式都是由政府部门负责为项目融资,项目风险也主要由政府部门承担,故一般情况下外包类项目较为适合半经营性或非经营性市政工程项目。若进行更具体的细分,服务协议较适合市政设施的一些特殊项目,如公路收费、抄表、清洁等服务;运营和维护协议适合于道路、公园、景观等设施的维护项目;设计-建设(DB)适用于大多数非经营性市政设施;承包(TO)适用于大多数非经营性市政设施项目;租赁-发展-运营(LDO)适用于市政设施有独立现金流的经营性项目,如道路交通项目、水务项目、停车场、机场等。外包类项目强调的是一种"分工"的概念。在拥有资产所有权的前提下,政府将市政服务项目外包给私人部门,自身集中精力做全局性的事务,有利于提高政府部门的工作效率,也潜在地节约了政府部门的人力成本。而私人部门专注于项目的运营及服务,则提高了服务质量和运营效率。

2. 特许经营类

特许经营类项目需要民营合作者参与部分或全部投资,并通过一定的合作机制与政府部门分担项目风险、共享项目收益。根据项目的实际收益情况,政府部门可能会向特许经营的民营合作者收取一定的特许经营费或给予一定补偿。这就需要政府部门协调好民营部门的利润和项目的公益性二者之间的平衡关系。通过建立有效的监管机制,特许经营项目能充分发挥双方各自的优势,节约整个项目的建设和经营成本,同时还能提高公共服务的质量。标准的特许经营项目的资产始终归政府部门保留,因此一般只存在经营权的移交过程,即合同结束后要求民营合作者将项目的经营权移交给政府部门。特许经营类项目的合约相对于外包类项目都比较长,一般情况下为 10～30 年。如果说外包类项目类似于会计中的经营性租赁,则特许经营类项目在某种程度上类似于融资租赁,当然这里的项目寿命要比合约期还要长很多。这是因为私营部门参与了投资,基于成本收回和增加利润的目标,需要给私营部门较长的经营时间。也正是由于此原因,特许经营类项目较为适合一些经营性或半经营性的市政服务,如高速公路、自来水、燃气、污水处理等项目。其中,BOT 因民营方对项目参与程度较高,尤其适用于道路、污水及垃圾处理项目;特许权经营(concession)因其经营的排他性而尤其适用于高速公路、自来水及燃气等可直接向消费者收费的项目。

此类项目成败的关键在于特许权协议的签署,该协议的弹性空间很大,需要结合项目的具体情况给出双方都能够接受的条件,内容包括经营价格的控制、经营风险的分配等。特许经营类项目突出的是一种"优势互补"的理念,私营部门利用自己融资灵活、经营理念先进的优势,与政府对于市政项目的决策力和执行力结合,二者在有效的契约约束下各自发挥自身优势,对缓解市政建设资金紧张、提高市政服务水平有很大意义,是当今 PPP 模式中应用较为广泛的公私合作模式。

3. 民营化类

民营化类项目则需要民营部门负责项目的全部或部分投资,而项目的所有

权部分或全部归民营部门所有,民营部门在这类项目中承担的风险最大。民营部门合资、购买部分股权或直接建设、全额购买公用设施,这样民营化类项目的期限也就更长,甚至为永久性的,因此在项目的选择上需要更加注重项目的收益性。较为常见的民营化类项目有机场、停车场、燃气、污水等设施。在此类项目中,政府的意愿受到限制甚至无效,因此此类项目还需要有强有力的市场环境,通过竞争及法律控制等保证价格和服务水平。同样,由于政府的资金参与有限,私营部门的经营风险及财务风险基本要由其自身承担,面临的压力也大于前两者。

第 13 章 实 证 研 究

13.1 峡江县普通国省道过境方案案例分析

峡江县普通国省道干线公路过境段与峡江县城总体规划相融合,可提高普通国省道过境通行能力,促进国省道的可持续发展,确保规划完成后能够很好地服务区域经济发展。

13.1.1 城区发展现状

1.经济社会发展现状

(1)城市区位分析。

峡江县,别称玉峡,地处江西省中部,吉安地区之北。东北邻新干县,南毗永丰县、吉水县,西靠吉安县,北与新余市接壤。南北长约 39.5 km,介于北纬 27°27′50″至 27°45′20″;东西宽约 64.5 km,介于东经 114°53′21″至 115°31′57″。全县总面积 1297.75 km²。2014 年辖 6 镇 5 乡、84 个行政村和 990 个村小组,有 63526 户,共 186349 人,人口密度为 143.6 人/km²。

吉安战略定位围绕"新吉安——大井冈"发展战略,吉安市总体发展性质与功能定位为"六大基地",即以电子、食品为主体的现代轻型制造业基地;以红推绿、以红带古,把吉安建设成以井冈山为龙头的国际知名的旅游胜地和休闲基地;以农副产品加工为基础,建设成我国中部地区优质农副产品生产和加工基地;以发展职业教育为目标,把吉安建设成以服务市场为主的人才培训基地;以常年径流量大、水能资源异常丰富为优势,把吉安建设成以水力资源为特色,水、火并举的江西省重要的电力能源基地;以樟吉高速、京九铁路、井冈山机场和 105 国道、319 国道、赣江航道,以及吉井铁路和泉南高速、大广高速为契机,把吉安建设成江西重要的交通枢纽和物流集散基地。吉安将被建成京九沿线城市带江西走廊四大区域性中心城市,而峡江县则为主走廊的重要城市。

(2)城市经济发展状况。

峡江县社会经济取得全面发展。至 2014 年底,全县实现地区生产总值 557669 万元,同比上年增长 9.7%,其中,第一产业增加值 116049 万元,增长 4.7%;第二产业增加值 278675 万元,增长 12.4%;第三产业增加值 160191 万元,增长 8.8%。人均 GDP 达到 29722 元,较上年增长 2353 元,城镇居民可支配收入达到 19604 元,农村居民年纯收入达到 8506 元。全社会固定资产投资 651707 万元,增长 5.4%,社会消费品零售总额 130748 万元,增长 9.58%。完成工业增加值 24414 万元,比上年增长 9.60%,对全县 GDP 增长的贡献率达 41.50%,拉动 GDP 增长 4 个百分点,财政总收入 83483 万元,进出口总额 5895 万美元,增长 20.44%。三次产业结构优化调整为 21.3∶50.0∶28.7。峡江县的产业结构不断调整,第一产业所占比例逐渐下降,相应的第二产业的发展取得了较快的增长,主要产业有金属加工、生物医药、绿色食品、新兴纸业等产业。第三产业保持了相对稳定的发展,峡江县本身具备良好的自然环境和丰富的旅游文化资源,未来第三产业的发展具备独特的潜力,因此,从产业发展上看,未来大力促进第三产业的发展将是带动峡江县经济腾飞的重要策略之一。

2. 主要经济发展指标分析

(1)产业结构演变进程。

峡江县实现了从"一、二、三"向"二、三、一"的转型,标志着峡江县开始进入工业化大发展阶段。由于早期受重农业、轻工商业的发展思想束缚,直到 2006 年峡江县的产业基本都维持"一、二、三"的结构,农业经济长期占据主要地位,工商业发展相对缓慢;2007 年,第二产业比重首次超过第一产业比重,产业结构转变为"二、一、三",工业在全县经济中的主导地位开始显现。随着峡江县工业园区的建设投产,以生物医药、金属制造、绿色食品、新型纸业等产业为主导的规模型工业体系初步形成,2012 年第二产业经济比重超过 50%,第三产业、第一产业成功转型。

(2)产业结构调整速度。

根据三次产业增速变化分析,峡江县三次产业增速具有一定的波动性,且其变化趋势相似性较高。在 2012 年之前,全县第二产业增速基本处于领先水平,一度达到 44.9%,远远超过第一、第三产业增速。直到 2012 年,三次产业增速集体出现下滑,而第三产业增速也超过第二产业,产业结构呈现持续优化的趋势,向"三、二、一"的更优结构演变。

（3）产业发展阶段判断。

根据钱纳里标准产业结构和工业化阶段理论，以经济发展水平、产业结构、就业结构、工业结构和空间结构等为标准，区域经济发展基本可分为三个阶段：前工业化阶段、工业化阶段和后工业化阶段。峡江县处于工业化初期阶段，以食品、烟草、矿产、建材等初级产品生产为主的劳动密集型产业为主导。

13.1.2　城镇发展状况

1. 城镇发展战略

（1）区域融合战略。

以赣江为主轴，强化"一湖两岸"建设，主动融入"三山一江"旅游发展战略；强化对 105 国道（京九铁路）和樟吉高速的开发，主动融入吉泰走廊发展战略，以生物医药、金属加工、新材料、体育用品和现代物流园等产业为主要发展方向；以现代农业、物流业和旅游业为纽带，强化与吉安县、新干县的联系，主动融入新余城市圈，新建蒙华铁路运煤专线，推动峡江物流运输以及提高峡江港口的货源，在城镇体系建设、产业发展、生态建设、清洁能源、现代物流等方面与吉安市发展规划全面对接。大力支持昌吉赣客专、蒙华铁路等重大项目建设，进一步优化峡江水、电、路、网等基础设施体系，全面融入环鄱阳湖生态城市群、长江中游城市群和长江经济带建设，在更大区域、更宽平台寻求峡江经济发展动力。

（2）产业攻坚战略。

围绕生物医药、金属制造、新型纸业、绿色食品等四大主导产业，采取择优扶强、重点突破的原则，以龙头企业为核心，大力引进主导产业的上下游企业，延长产业价值链，促进产业进一步向工业园区集聚。以现代农业示范园、现代物流园、玉峡湖湿地公园为载体，大力推进各乡镇特色农业、农产品加工与物流、绿色食品、生态旅游等产业发展，强化东部乡镇和西部乡镇的内在联系，发挥现代农业接二连三、物流和旅游接一连二的纽带作用，培育壮大现代服务业，促进产业共生演进，推进产业全面升级，逐步增强县域经济实力。

（3）生态立县战略。

构建以一江（赣江）、一山（玉笥山）、两头（赣江、峡江段南北两片区）为主体的生态安全格局，以水边、巴邱和金坪民族乡为主体的城镇优先发展格局，全面落实生态主体功能区划。遵循一产绿色发展，二产循环发展，三产低碳发展的产业转型升级思路，全力构建环保低碳的产业发展体系。强化对山、水、林、田等主

要生态资源的保护,合理控制开发强度,努力营造青山、碧水、蓝天、绿地的优美生态环境。

(4)文化发掘战略。

地域特色与文化传统是竞争力的重要组成部分。只有充分发扬传统文化,突出地域特色,才能保持长期活力与竞争力。峡江有省级历史文化名镇巴邱,国家级历史文化名村湖洲村,2个省级历史文化名村何君村、沂溪村,金坪民族乡,以及传统的玉笥山道教文化,这些特有的地域文化是峡江的精神,在大力发展经济的同时,应充分考虑文化振兴与复兴。

2. 城市发展目标

围绕"把握区域开发主战略,厘清发展升级总思路,勾画小康提速线路图,建设绿色崛起新峡江"的总目标,以"两个略高于"为导向,更加注重利用区域政策、更加注重发展规划引领、更加注重优化产业结构、更加注重转变发展方式,为实现峡江绿色崛起提供强力支撑。

(1)文化旅游城。

依托独特的自然风光和人文资源等,通过挖掘本地文化内涵,延续历史文脉,完善城市功能,积极培育玉笥山、历史古村和水利枢纽等精品旅游景区,把峡江建设成能够吸引旅游者前往,具备一定旅游接待能力,以景区景点为核心,以旅游产业为主体的文化旅游城市。

(2)山水生态城。

立足峡江山水相融的自然地理特点和城市发展特色,规划以城区绿化为核心,以镇区绿化为重点,以生态景观廊道为骨架,以森林公园、湿地公园、自然保护区、特色绿化道路以及花卉林业基地等为亮点,大力推动峡江山体、水体、林网、路网、公园、广场等生态化和景观化建设,构建以山水为主体、城乡一体的生态新城。

(3)宜居宜业城。

到规划期末,峡江县教育、科技、文化、体育、医疗等社会事业全面繁荣,主要指标达到同期全国平均水平。医疗、养老、失业等社会保障体系日趋完善,城乡差距进一步缩小。保护历史文化遗产,继承城市传统文化,形成独特的城市人文、自然景观。把峡江建设成一个"人民生活更加殷实,社会就业更加充分,人居环境日趋良好,文化素质和文明程度提升,社会和谐发展"的宜居宜业城。

13.1.3　综合交通发展现状

1. 公路

峡江县共有公路 1260.07 km,高速公路 1 条 34.5 km,国道 1 条 17.22 km,省道 2 条 71.34 km,县道 4 条 140.18 km,乡道 996.83 km。目前峡江县公路网还不完善,公路通达性仍比较低;等级公路所占比重较小,路面技术状况较差,不能很好地发挥公路交通网络的整体效益,相较于全县国民经济和社会事业发展的需求仍显滞后。

2. 水运

峡江历史上曾有过赣江峡江段、沂江、黄金江、盘龙江、象水口多条航道,出于各种原因基本断航,目前只剩下赣江峡江段通航,航段 34 km,江面平均宽度 800 m,最宽处 1200 m,最窄处 400 m,枯水期水深 1~4 m,常年可通客、货轮船。

3. 铁路

峡江县境内铁路为京九铁路,其全线长 2381 km。县境路段北从新干进入水边城区下痕村,经沂溪、珥田、佩贝、义桥、分界、凰洲、上盖进入吉水县,计程 20.64 km。县站 1 个(水边)、预留车站 1 个(凰洲)。目前铁路峡江站的站点等级低,车站建于 1996 年,隶属南昌铁路局,可办理旅客乘降、行李、包裹托运等业务。

4. 航空

峡江县城区域没有航空设施。

13.1.4　国省干线公路过境与衔接现状

1. 衔接情况

(1)G105。

G105 北京至珠海公路在吉安市范围是从永泰到夏造,所经峡江县区域从北向南,从新干沂江乡进入峡江县城,经水边镇进入吉水的八都镇。

(2)G322(原 S223)。

G322 瑞安至友谊关公路在吉安市范围是从洋溪到鹿港,所经峡江县区域经罗田、巴邱、峡江县城与 G105 并线后进入吉水八都镇。

(3)S219。

S219 华林山至祁禄山公路在吉安市范围是从洋溪到鹿港,所经峡江县区域为仁和、巴邱、峡江县城、马埠。

2. 现有普通国道、省道概况

(1)G105。

G105 北京至珠海,北南走向,起于峡江县郭正村 K1874+732,途经县城、坑西、金坪,终于峡江县分界村 K1891+950,全长 17.218 km,日平均交通 21494 辆。其中须作以下说明。

①K1874+732~K1877+006、K1882+191~K1891+950 段为二级公路,2010—2014 年大中修,结构层为(4+5)cm 沥青面层和(18+18)cm 水泥稳定碎石基层+混凝土路面碎石化底基层,路基宽 12 m,路面宽 10.5 m。

②K1877+006~K1882+191 段为城市道路(县城过境路,即玉峡大道),2008—2015 年陆续升级改造,结构层为(4+6+8)cm 沥青面层、(20+20)cm 水泥稳定碎石基层和 20 cm 碎石底基层。路基宽 27 m,路面宽 24 m。

(2)G322。

G322 瑞安至友谊关,东西走向,起于峡江县分界村 K306+251,途经金坪、县城、福民、巴邱、罗田、沙坊,终于峡江县莲花形村 K358+184,全长 51.933 km,日平均交通量 10740 辆。其中须作以下说明。

①K306+251~K320+518 段为与 G105 重复路段。

②K320+518~K335+877 段于 2016 年升级改造为一级公路,双向六车道。

③K335+877~K346+783 段计划 2017 年升级改造为二级公路,路基宽 12 m,路面宽 10.5 m,现公路为二级公路水泥混凝路面。

④K346+783~K358+184 段于 2010 年升级改造为二级公路,路基宽 12 m,路面宽 10.5 m,结构层为 6 cm 沥青混凝土面层、(18+18)cm 水泥稳定碎石基层和 20 cm 碎石底基层。

(3)S219。

S219 华林山至祁禄山,北南走向,起于峡江县仁和长排村 K137+137,途经仁和镇、巴邱、福民、水边、马埠、桐林、流源,终于白岭村 K212＋815,全长 75.678 km,日平均交通量 22948 辆。其中须作以下说明。

①K137＋137～K162＋284 段 2012 年大中修,路面类型为水泥混凝土路面,路面宽 7 m,为三级公路。

②K162＋284～K178＋748 段为与 G322 重复路段,路面等级为双向六车道的一级公路。

③K178＋748～K187＋428 段,2015 年大中修,为二级公路,路基 12 m,路面 9 m,路面类型为沥青混凝土路面。

④K187＋428～K208＋931 段,2012—2016 年路面大中修,为三级公路,路基 8.5 m,路面 7.0 m,路面类型为沥青混凝土路面。

⑤K208＋931～K212＋815 段,2009 年大中修,为三级公路,路面宽 4.5 m,路面类型为水泥混凝土路面。

3. 发展特征分析(存在问题)

(1)城市功能结构分析。

①城区总体布局结构为"两主轴,四片区"。"两主轴"指以 G105 和百花路为联系纽带的集中建设地带;"四片区"指城东办公区、城北物流区、城西居住区、城南工业区。

②用地分散,不利于城市集约用地和紧凑发展,也增大了城市基础设施的投入。

③城西生态居住区一直未得到有效发展。

由于对工业产业发展估计不足,工业用地布局现状远超预期,现工业园区发展迅速,原工业用地已无法满足工业产业发展的需要。

(2)现状道路系统。

由于城市的建设与之前规划布局有所不同,之前总体规划设想的规划路网并未完全形成,除了建成南北方向上的玉华路、玉笛大道、玉峡大道,东西方向上的元阳路、群玉路、百花路、大秀路、梅福路,规划还在南北方向上形成了工业七路、工业八路,在东西方向形成了工业五路、工业四路、工业三路、工业二路等城市道路,城市方格网的道路形式已形成。现状路网体系存在的主要问题如下。

①城市的建设与之前的规划布局有所不同,之前总体规划设想的规划路网并未完全形成。

②中心城区道路两侧车辆随意停放,占用非机动车道。

③G105 以东受京九铁路及昌吉赣铁路限制,道路瓶颈较多。由于峡江县前期规划和道路建设考虑比较周全,道路等级也比较高,现有 G105(城区为玉峡大道)和城区主要道路交通总体都比较通顺。

④工业园区道路横向只能通过 G105 连接,形成一种单向路,迫切需要打通与 G322 连接的通道应对措施。近、中期:规划建议在近、中期通过 G322 改建至西侧,通过工业外围进入 G105,也可避免 G322 车辆进入城区,形成城区的西外环路,使工业园内道路能东西贯通,很好地缓解城区内交通压力。远期:通过 G322 西迁形成西外环路后,原有道路与新的 G322 连通,形成整体路网。

13.1.5 交通发展环境

1.中长期发展规划

大力落实"三个走在前列"要求,按照"三产并进、城乡同治、创新驱动、绿色发展"的思路,践行五大发展理念,聚力推进升级发展,力争经济社会发展继续保持在全市第一方阵和全省先进行列,迈出决胜全面小康和建设全省"工业强县、农产名县、美丽家园、民生永丰"的新步伐。

2.城市发展指标控制体系

城市总体规划指标体系包括经济、社会人文、民生改善指标、生态建设与环境保护指标、城市建设五大类。

3.发展战略

县域城镇体系的发展策略是强化核心、轴线拓展、分区发展、整体推进,以工业化带动城镇化,加快中心城区的发展,积极培育中心镇,大力提高小城镇建设水平。在加快中心城区建设发展的同时,重点发展条件好的乡镇,根据峡江县城经济发展特点及发挥城镇聚集效益的需求,采取有效措施使人口和非农产业逐步向中心镇集聚,在县域范围内引导和促进城镇的合理分工与协作,促进地区城镇化和城镇建设的健康发展。

(1)加快县域中心(中心城区)的发展。

从县域整体看,中心城区交通便捷,城镇建设用地条件好,因此应积极加快中心城区的产业和人口集聚,增强凝聚力,扩大辐射范围,带动县域经济发展。中心城区作为峡江县的发展核心,是县域的经济、政治、文化中心。

（2）积极培育中心镇。

县域内除中心城区外，其他城镇规模偏小，因此在加快中心城区发展的同时，积极培育巴邱县域次中心（中心镇），加强基础设施和公共服务设施建设，重点培育商贸、旅游等非农产业，尽快改善居民生产和生活条件，以优化投资环境和人居环境为导向，积极吸引非农产业和农业剩余人口向中心镇集中，使其成为农村人口城镇化的承接平台和各城镇发展片区社会经济发展中心。

（3）加快小城镇建设。

通过不断完善小城镇基础设施，大力改善人居环境，培育小城镇支柱产业来推进小城镇建设，实现"城镇现代化、农村城镇化、城乡一体化"的和谐发展。规划建议根据各个乡镇的自然禀赋和区位条件，建立协作分工体系，成为中心城区工业生产的原材料、初级产品供应基地和产业配套发展区。按照新农村建设规划的要求，大力加强中心村的建设，重点改善农村居住环境，完善交通基础设施。

13.1.6　城镇体系规划

1. 城镇空间布局结构与形态

中心城区以玉华路、百花路为轴，以工业六路为界，形成"一心两轴两区"的城市空间结构。

（1）一心。

"一心"即以玉华路与百花路交界区域为未来峡江中心城区的主中心。

（2）两轴。

"两轴"即百花路城市发展轴、玉华路城市发展轴。

①百花路城市发展轴。该发展轴为现状的城市建设主轴，布局了行政中心区、休闲商务区等城市核心职能。

②玉华路城市发展轴。该发展轴为是未来城区主要的公共服务核心，以商业、商务、文化功能为主。在百花路与玉华路交叉口西北侧，规划形成城市商业中心；沿玉华路在城南区形成以生产性服务业功能为主的商务中心。

（3）两区。

"两区"即城北综合区及城南工业园区。

①城北综合区。该片区位于工业六路以北，是依托现状城区向外拓展完善的城市综合区。应加强该区的生产性服务、商贸、医疗、科研、休闲、生活服务等配套用地的规划，推动城市功能的完善。

②城南工业园区。该片区位于现状城区以南。以工业用地为主体,以规模化产业布局推动中心城区产业经济的加速发展,并以现代化的建设面貌提升整体开发形象。

2. 城镇功能定位

规划将全县划分为三个生态功能区域:生态保护区、生态控制区、生态协调区。

(1)生态保护区。

生态保护区包括县域范围内的水源保护区、水源涵养区、玉笥山风景名胜区、水土保持区、土壤侵蚀敏感区、地质灾害敏感区和重要风景旅游区、国家及地方公益林用地、玉峡湖省级湿地公园、4个水源地和应急备用水源地保护区、赣江两侧100～200 m禁止建设范围,以及连接这些区域的无人区等,对于维持生态安全起到重要作用,并且具有重要的生态服务功能的区域,规划尽量提高各区的保护等级。

(2)生态控制区。

生态控制区包括生态保护区以外的低山丘陵和农田等,是以绿色植被为主体、地表改变率较小的缓冲地区,也是生态产业发展的主要区域。该区对于县域生态环境有重要影响,在发展生态产业的同时,需要保持地表的绿色植被覆盖,维护基本的生态平衡,在充分论证的前提下,可以适度和有选择地进行建设。该区可以具体划分为生态农业区、生态林业产业区。

(3)生态协调区。

生态协调区适于进行建设,但必须重视与生态协调,包括城镇已建区和规划期限内预留发展用地区域。该区将承载地方主要建设,应把开发控制在合理的范围内,具体控制工业化、城市化的规模和建设,原则上是在现有城镇布局的基础上进一步集约开发,以生态化和循环经济为建设指导思想。该区基本涵盖了大部分现状建设区以及适宜开发建设的生态非敏感区或低敏感区。该区应处理好城市的开发建设与环境容量的协调关系。

3. 县域城镇等级规模

县域城镇空间结构为"一主一副两轴"。"一主"即县域主中心水边镇。"一副"即县域副中心巴邱镇。"两轴"即一横一纵的城镇发展轴。城镇等级结构分为四个等级:Ⅰ级为县域主中心、Ⅱ级为县域副中心、Ⅲ级为一般建制镇、Ⅳ级为一般乡集镇。

4.国省干线公路过境方案规划

(1)规划原则。

在现行的城镇体系规划和综合交通运输规划、公路网规划的基础上,依据公路过境模式影响因素,即城市地理位置、区域交通网络和交通流向、城镇发展规模、城镇空间布局形态变化等因素,适时对过境公路线位和过境模式进行调整,以满足城镇和公路交通运输协调发展的需求。过境规划原则如下。

①与城市城镇体系规划和分阶段发展计划相适应。

②与城市综合交通运输规划相适应。

③与区域公路网规划相适应。

④与城市的景观建设和文化保护相协调。

⑤有利于城镇在功能布局和空间形态上的可持续发展。

⑥有利于城镇对外交通集散和发挥辐射带动作用。

⑦有利于过境交通快速通过,提高交通运输效益和社会、环境效益。

⑧布局在地理位置和工程技术上是可行的。

(2)城市主干线规划。

①形成主干路、次干路、支路三级路网格局,各级道路沿城区主要发展方向呈"带状格网"布局。

②主干路作为功能片区之间的重要联系通道,集散快速通道交通,承担主要用地功能片区间的中长距离交通联系,规划形成"六横四纵一环"的主干路网结构。

③其他次干路和支路完善,呈"带状格网"布局。

(3)城市外环线规划及具体实施情况。

外环线功能及必要性:从城乡路网格局来看,峡江中心城以及邻近乡镇地区将构建"六横四纵一环"的城乡综合交通网络格局,外环线承担了 10 条城市主干道的再组织功能。从货运交通和过境交通组织来看,外环线串联了对外交通出入口、主要工业区、货运枢纽和对外交通节点,承担了较强的货运交通和过境交通组织功能。

外环线的选择:总体规划未对外环线进行描述,其中玉峡大道(G105)、S219和改线的 G322 只作为过境道路并纳入城市主干道考虑。

本次规划外环线做了以下优化:把 S219 过境段作为北外环,改线后 G322

作为西外环,G105 过境段作为东外环,从而形成了一个封闭的环形路线。该外环路的规划既顾及了各国省道的过境要求,又能很好地发挥其纽带作用,特别是解决了 G322 的绕城问题。

(4)单条国省道过境方案。

①G322 过境段:改线前 G322 过境段,起于峡江县众村附近,先自南向北沿主城区玉峡大道至石阳街附近,后自东向西终于水泥厂西侧。改线后 G322 过境段起于峡江县众村附近,途经工业园外围、落园、刘家、星元,终于水泥厂西侧老路上。考虑与现有城市道路的对接,横断面设计与顺接城市道路一致。

②G105 过境段:G105 城区过境未作改动,保持原路线不变。

③S219 过境段:S219 省道城区过境未作改动,保持原路线不变。

13.1.7 国省干线公路衔接方案规划

1. 规划原则

①满足规划期内过境干线公路的交通需求。
②确保规划期内出入境交通流的舒畅运行。
③确保公路与城市道路的合理衔接。
④有利于城市内部交通的正常运行。
⑤有利于城市道路网交通流快速集散。
⑥城市道路网内车辆出入境路径趋于最短。

2. 国省干线公路与高速公路衔接方案

规划的 G322 目前均重合在老路上,后在峡江县城区域外西面的巴邱镇峡江互通,与樟吉高速公路连接。

3. 国省干线公路与城市道路衔接方案

规划的 G322 改线后,与横向的锦绣路连接,从南到北分别与纵向的砖玉路、月华路连接。

4. 国省干线公路与综合交通衔接方案

(1)铁路。
规划的 G322 在起点处沿 G105 可以直接至峡江火车站。

(2)水运。

规划的 G322 目前均重合在老路上,后在峡江县城区域外西面的巴邱镇通往巴邱水运码头。

(3)机场。

由于县城区域没有航空路线,规划的普通国省道没有与其连接。

①路线里程:G322 改线段从南向北经众村附近的 G105,过落园、刘家、星元,终于水泥厂西侧。该路段全长 7.2 km,按一级公路标准建设,设计速度 60 km/h,路基宽 24.5 m。

②投资估算。G322 改线段全长 7.2 km,估算总造价 2.52 亿元,每千米造价约 3500 万元,目前尚未启动前期工作。

③规模比较:规划 G322 城区过境的路线里程比现状缩短了 4.8 km。G105、S219 现状保持不变。

5.总体评价

(1)待建路段起点、终点修建后使并线的 G322 和 S219 拆离,很好地消除了并线造成的交通流量大的影响,同时使 G322 的行车里程缩短约 4.9 km。同时改线后 G322 路过玉笥风景区附近,可以为风景区的开发和推广打下更扎实的基础。所以在建设过程中应考虑周边景观的协调,尽量减少对周边环境的破坏。

(2)峡江县城区路段的国省道 G105、G322、S219 主要承担着快速分流过境交通的责任,应偏离城区拥堵路段,迅速便捷通行。县城的环城公路主要是联系城市周边各区,联系工业区、仓库区、货站、车站、截流、汇流境内交通,加强内部交通组织,有序疏导出入车流。目前峡江现有过境国省道和规划的环城路,形成了"环形＋放射式"结构路网,能快速分流过境交通,也能有效组织内部交通流,极大地释放城区中心交通压力。不足之处是,城市规划和外环的国省公路均为平面交叉,没有设置立体交叉,目前城市路网尚未完全连通,影响较小,等以后城市路网完善以后,城市道路与国省道的交叉点太多,难免会增加交通控制设施,也会大大影响交通的快速通行。特别是该段路南部区域位于工业区内部,该段环城路将很快实现街道化,对过境交通和内部交通分流带来不利影响。

项目建设标准:由于北段的 S219 城市过境段和西段的 G105 均按一级公路标准修建,设计速度为 60 km/h,路基宽 24.5 m,所以规划路段应参考相应标准建设,并预留城市规划红线宽度,以满足未来的发展需求。

6. 自然资源

（1）土地资源。

据调查，全县占地总面积 1297.75 km²，全县耕地面积 24993 hm²，人均占有耕地约 1340 m²。

（2）矿产资源。

县内地质构造复杂，成矿条件优越，矿产资源比较丰富，主要是以非金属矿为主，西部以铁矿、钨、稀土、饰面用花岗岩和建筑用石料矿为主，而中东部则以水泥用灰岩、煤矿为主，金、铜多金属矿主要见于东南部，砖瓦用黏土资源沿赣江流域分布于岗丘平原区。

（3）林业资源。

全县森林基本属于次生天然林和人工林两类，森林资源植物种类繁多，是林业重点县。全县林地面积 867.1 km²。活立木蓄积 311.2138 万立方米，其中，林分蓄积 304.2116 万立方米，疏林地蓄积 0.6367 万立方米，散生木蓄积 3.9364 万立方米，四旁植树蓄积 2.4291 万立方米。森林覆盖率达 63.5%。1997 年获全国造林绿化"百佳县"光荣称号。

（4）水资源。

全县共建成中型水库 2 座，蓄水量 3454 万立方米，小（一）型水库 7 座，蓄水量 1530 万立方米，小（二）型水库 114 座，蓄水量 2204 万立方米，山塘 1553 座，蓄水量 6582 万立方米，引水工程 186 座，可供水量 770 万立方米，机电排灌工程 166 座，装机 2386.74 kW，可供水量 119 万立方米，水利工程蓄水量达 14659 万立方米，多年平均水资源总量 11.14 亿立方米，峡江县地下水资源是浅层地下水资源，主要是降雨补给，属地表水与地下水重复量。全县人均拥有可供利用的水资源量为 1301 m³。

7. 旅游资源

峡江历史源远流长，素有"礼仪之邦，人杰地灵"之称，曾养育了北宋著名文学家孔文仲、孔武仲、孔平仲三兄弟和明代杰出政治家金幼孜、练子宁等名人贤士。境内旅游资源丰富，拥有全国全部 8 类旅游资源，其中共有 23 个亚类，56 个基本类型，各类旅游资源共计 127 项。其中玉笥山山奇、水秀、洞幽、石怪、林茂，既是省级风景区，又是省级森林公园，是该地区发展旅游业的品牌。另外，

"千里赣江极狭处"赣江江段和"千里赣江第一沙洲"成子洲也构成了该地区独特的旅游资源。此外,幸福水库(包括万亩果园和鲴鱼养殖基地)集体育娱乐、农业观光和生态休闲于一体。

8.保障措施

为保证规划顺利实施,从用地、资金、立项等角度提出保障措施。

(1)用地保障措施。

国家对土地利用的总体规划和建设严格依据土地利用总体规划审查。为了保障干线公路用地,需要永丰县国土部门科学配置、合理调控建设用地增长规模和时序,保障项目用地。需要国土部门积极与城市总体规划和社会经济发展规划对接,在不占用基本农田的前提下,依法按程序局部调整土地利用总体规划,用足指标,从而确保重点项目用地合法合规。

(2)资金保障措施。

项目建设面临资金筹措问题,需要峡江县政府部门的资金投入、上级主管部门的补贴、银行贷款资金到位。同时加强项目设计、管理、施工水平,降低建设成本,充分保证项目顺利进行,有效降低资金风险。

(3)立项保障措施。

峡江县高度重视干线公路网的规划建设,将尽全力推进项目前期工作,确保按照相关进度要求完成项目立项。

13.2　案例工程的社会效益与影响综合后评价

市政道路建设项目社会效益与影响后评价属于多指标综合评价,该评价方法是把被评价事物的不同方面、计量不同的各个统计指标,转化为无量纲的不同方面的相对评价值,同时综合这些评价值,从而得出该事物的总体评价。对复杂对象的多指标综合评价方法,涉及的因素多,而且各因素的描述方式也不同,有的可以定量描述,有的则只能采用半定量或定性方式描述。多因素综合评价问题一直是人们研究的课题,目前国内外常用的有逻辑框架法、比较评价法、层次分析法、模糊综合评判法等。本书第 8.3 节已对这 4 种方法进行了详细介绍,此处不再赘述。

13.3　确定评价集

本案例的指标体系按照市政道路社会效益与影响后评价指标体系来确定，其中"社会效益与影响"作为目标层，"对社会环境的影响、对区域发展的影响、对自然资源与生态环境的影响、对项目所在地居民的影响"作为 4 个准则层，其他指标作为各准则层对应指标。其中总目标层的因素集可表示为 $U = (U_1, U_2, U_3, U_4)$，准则层的因素集可表示为 $U_1 = (U_{11}, U_{12}, U_{13})$，$U_2 = (U_{21}, U_{22}, U_{23}, U_{24}, U_{25})$，$U_3 = (U_{31}, U_{32}, U_{33}, U_{34})$，$U_4 = (U_{41}, U_{42}, U_{43}, U_{44})$，如表 13.1 所示。

表 13.1　市政道路建设项目社会效益与影响后评价指标体系

准则层	指标
对社会环境的影响 U_1	对政治和社会安全的影响 U_{11}
	对社会文化及教育的影响 U_{12}
	对城市形象的影响 U_{13}
对区域发展的影响 U_2	对进一步完善城市基础设施的影响 U_{21}
	对区域土地资源开发和利用的影响 U_{22}
	对服务设施水平和城市化进程的影响 U_{23}
	对城市旅游业发展的影响 U_{24}
	对城市产业分工和集群发展的影响 U_{25}
对自然资源与生态环境的影响 U_3	对节约自然资源的综合影响 U_{31}
	对环境质量的影响 U_{32}
	对自然景观的影响 U_{33}
	对自然环境污染治理的影响 U_{34}
对项目所在地居民的影响 U_4	对居民出行的影响 U_{41}
	对居民生活质量的影响 U_{42}
	对居民就业的影响 U_{43}
	对居住地人口的影响 U_{44}

评价集是对各层次评价指标的一种描述，是对可能出现的评价结果的集合，是人们对各个评价指标所给出的评语集合。本案例的后评价可分为五个等级：$V = (V_1, V_2, V_3, V_4, V_5)$。其中 V_1 代表项目社会效益很好；V_2 代表项目社会效

益较好；V_3 代表项目社会效益一般；V_4 代表项目社会效益不太好；V_5 代表项目社会效益很差。用数值表示为 $V=(50,40,30,20,10)$。

13.4　确　定　权　重

权重的选择对于最终的评价结果影响很大，选择不同的权重会导致不同的评价结果。权重通常采用层次分析法、专家估值法等方法确定，在实际工作中需要根据系统的复杂程度及实际情况选择合适的权重。考虑到本案例指标体系相对复杂、涉及评价因素较多，可以采用层次分析法，邀请30位专家对其进行分析（所有专家从评审中心专家库抽取，要求具有副高级或以上职称、至少10年市政行业从业经历）。经过统计，各判断矩阵如表13.2～表13.6所示。

表 13.2　判断矩阵 U-U_i

U	U_1	U_2	U_3	U_4
U_1	1	1/5	1/3	1/4
U_2	5	1	3	2
U_3	3	1/3	1	1/2
U_4	4	1/2	2	1

表 13.3　判断矩阵 U_1-U_{ij}

U_1	U_{11}	U_{12}	U_{13}
U_{11}	1	1/2	1/3
U_{12}	2	1	1/2
U_{13}	3	2	1

表 13.4　判断矩阵 U_2-U_{ij}

U_2	U_{21}	U_{22}	U_{23}	U_{24}	U_{25}
U_{21}	1	3	4	5	7
U_{22}	1/3	1	2	3	5
U_{23}	1/4	1/2	1	2	4
U_{24}	1/5	1/3	1/2	1	2
U_{25}	1/7	1/5	1/4	1/2	1

表 13.5 判断矩阵 U_3-U_{ij}

U_3	U_{31}	U_{32}	U_{33}	U_{34}
U_{31}	1	1/5	1/3	2
U_{32}	5	1	2	7
U_{33}	3	1/2	1	4
U_{34}	1/2	1/7	1/4	1

表 13.6 判断矩阵 U_4-U_{ij}

U_4	U_{41}	U_{42}	U_{43}	U_{44}
U_{41}	1	3	5	7
U_{42}	1/3	1	2	3
U_{43}	1/5	1/2	1	2
U_{44}	1/7	1/3	1/2	1

采用 MATLAB 程序,计算各个矩阵的特征向量及最大特征值 λ_{max},得出权重,并进行一致性判断。当矩阵具有完全一致性时,$\lambda_{max} = n$;当矩阵不具有完全一致性时,则有 $\lambda_{max} > n$,可以通过判断矩阵特征值的变化来检验判断的一致性程度。判断矩阵将特征值的变化用一致性指标 CI 表示,$CI = \dfrac{\lambda_{max} - n}{n - 1}$。当 CI$=0$ 时,说明判断具有完全的一致性;CI 越接近零,判断的一致性程度越高。度量矩阵具有满意一致性的指标为 CR,$CR = \dfrac{CI}{RI}$。RI 为判断矩阵的平均随机一致性指标。对于 1~9 阶判断矩阵,RI 值如表 13.7 所示。

表 13.7 RI 值

n	RI 值
$n=9$	1.45
$n=8$	1.41
$n=7$	1.32
$n=6$	1.24
$n=5$	1.12
$n=4$	0.90
$n=3$	0.58

续表

n	RI 值
$n=2$	0.00
$n=1$	0.00

当 $CR<0.1$ 时，可认为判断矩阵所具有的一致性为满意；当 $CR \geqslant 0.1$ 时，则认为判断矩阵所具有的一致性为不满意，需要不断地调整判断矩阵，以使其达到满意的一致性。针对本项目，利用以上方法对判断矩阵的各层次进行单一排序，并求得一致性检验结果，具体如下（其中，目标层的权重指标设为 A，第二层的权重指标设为 A_i，$i=1,2,3,4$）。

(1)对判断矩阵 U-U_i 的计算结果为

$$A = \begin{bmatrix} 0.0729 \\ 0.4729 \\ 0.1699 \\ 0.2844 \end{bmatrix}, \lambda_{\max} = 4.0511, CI = 0.0170, RI = 0.90, CR = 0.0189 <$$

0.1。

$CR<0.1$，认为该判断矩阵具有满意的一致性。由以上矩阵可以看出：其中准则层"对区域发展的影响 U_2"及"对项目所在地居民的影响 U_4"相对于目标层的权重较大。

(2)对判断矩阵 U_1-U_{ij} 的计算结果为

$$A_1 = \begin{bmatrix} 0.1634 \\ 0.2970 \\ 0.5396 \end{bmatrix}, \lambda_{\max} = 3.0092, CI = 0.0046, RI = 0.58, CR = 0.0079 <$$

0.1。

$CR<0.1$，认为该判断矩阵具有满意的一致性。由以上矩阵可以看出：其中指标"对城市形象的影响 U_{13}"相对于准则层"对社会环境的影响 U_1"权重最大。

(3)对判断矩阵 U_2-U_{ij} 的计算结果为

$$A_2 = \begin{bmatrix} 0.4934 \\ 0.2302 \\ 0.1453 \\ 0.0837 \\ 0.0475 \end{bmatrix}, \lambda_{\max} = 5.0995, CI = 0.0249, RI = 1.12, CR = 0.0222 <$$

0.1。

CR<0.1,认为该判断矩阵具有满意的一致性。由以上矩阵可以看出：其中指标"对进一步完善城市基础设施的影响 U_{21}"相对于准则层"对区域发展的影响 U_2"权重最大。

（4）对判断矩阵 U_3-U_{ij} 的计算结果为

$$A_3 = \begin{bmatrix} 0.1118 \\ 0.5323 \\ 0.2884 \\ 0.0675 \end{bmatrix}, \lambda_{max} = 4.0215, CI = 0.0072, RI = 0.90, CR = 0.0080 <$$

0.1。

CR<0.1,认为该判断矩阵具有满意的一致性。由以上矩阵可以看出：其中指标"对环境质量的影响 U_{32}"相对于准则层"对自然资源与生态环境的影响 U_3"权重最大。

（5）对判断矩阵 U_4-U_{ij} 的计算结果为

$$A_3 = \begin{bmatrix} 0.5872 \\ 0.2179 \\ 0.1228 \\ 0.0722 \end{bmatrix}, \lambda_{max} = 4.0192, CI = 0.0064, RI = 0.90, CR = 0.0071 <$$

0.1。

CR<0.1,认为该判断矩阵具有满意的一致性。由以上矩阵可以看出：其中指标"对居民出行的影响 U_{41}"相对于准则层"对项目所在地居民的影响 U_4"权重最大。

13.5　确定模糊判断矩阵

根据模糊综合评判法的原理,本项目选取 30 位专家和代表,通过调查问卷的形式,对项目各因素进行评价（所有专家从评审中心专家库抽取,要求具有副高级或以上职称、至少 10 年市政行业从业经历）。对调查结果的统计详见表 13.8。

表 13.8　本项目社会效益与影响单因素调查结果统计表

指标序号		V（等级评价）				
		很好	较好	一般	不太好	很差
	U_{11}	19	8	2	1	0
U_1	U_{12}	2	15	10	3	0
	U_{13}	3	10	14	2	1
	U_{21}	18	8	3	1	0
	U_{22}	15	12	3	0	0
U_2	U_{23}	16	9	4	1	0
	U_{24}	2	15	5	5	0
	U_{25}	7	15	8	2	1
	U_{31}	4	16	6	3	1
U_3	U_{32}	0	9	15	8	2
	U_{33}	1	5	16	3	1
	U_{34}	2	7	16	4	1
	U_{41}	18	4	5	3	0
U_4	U_{42}	17	5	6	2	0
	U_{43}	9	18	3	0	0
	U_{44}	9	18	3	0	0

（最左侧合并单元格为 U）

根据表 13.8 得到矩阵 $\boldsymbol{R}$，$\boldsymbol{R}$ 中的每一行都反映了各因素对各模糊子集的隶属度。

$$\boldsymbol{R}_i = \begin{bmatrix} r_{i11} & r_{i12} & \cdots & r_{i1n} \\ r_{i21} & r_{i22} & \cdots & r_{i2n} \\ & \cdots & \\ r_{im1} & r_{im2} & \cdots & r_{imn} \end{bmatrix}, (i=1,2,3,4,5)$$

$$\boldsymbol{R}_1 = \begin{bmatrix} 0.63 & 0.27 & 0.07 & 0.03 & 0 \\ 0.07 & 0.5 & 0.33 & 0.1 & 0 \\ 0.1 & 0.33 & 0.47 & 0.07 & 0.03 \end{bmatrix}$$

$$\boldsymbol{R}_2 = \begin{bmatrix} 0.6 & 0.27 & 0.1 & 0.03 & 0 \\ 0.50 & 0.40 & 0.1 & 0 & 0 \\ 0.53 & 0.3 & 0.13 & 0.03 & 0 \\ 0.07 & 0.50 & 0.27 & 0.17 & 0 \\ 0.23 & 0.50 & 0.17 & 0.07 & 0.03 \end{bmatrix}$$

$$\boldsymbol{R}_3 = \begin{bmatrix} 0.13 & 0.53 & 0.20 & 0.10 & 0.03 \\ 0 & 0.17 & 0.5 & 0.27 & 0.07 \\ 0.03 & 0.3 & 0.53 & 0.10 & 0.03 \\ 0.07 & 0.23 & 0.53 & 0.13 & 0.03 \end{bmatrix}$$

$$\boldsymbol{R}_4 = \begin{bmatrix} 0.6 & 0.13 & 0.17 & 0.1 & 0 \\ 0.57 & 0.17 & 0.2 & 0.07 & 0 \\ 0.3 & 0.6 & 0.1 & 0 & 0 \\ 0.3 & 0.3 & 0.1 & 0 & 0 \end{bmatrix}$$

根据以上计算得出的各层次权重指标以及单因素模糊评价判断矩阵，综合模糊权重向量 $\boldsymbol{A}$ 与 $\boldsymbol{R}$，就得到模糊综合评价的结果向量。

$$\boldsymbol{B}_i = \boldsymbol{A}_i \times \boldsymbol{R}_i = (b_{i1}, b_{i2}, b_{i3}, b_{i4}, b_{i5}), (i = 1,2,3,4,5)$$

其中：$\boldsymbol{B}$ 为决策集；$\boldsymbol{R} = \begin{bmatrix} \boldsymbol{B}_1 \\ \boldsymbol{B}_2 \\ \boldsymbol{B}_3 \\ \boldsymbol{B}_4 \end{bmatrix}$。

由上推出

$$\boldsymbol{B}_1 = (0.1772, 0.3719, 0.3617, 0.0711, 0.0180)$$
$$\boldsymbol{B}_2 = (0.5053, 0.3328, 0.1220, 0.0384, 0.0016)$$
$$\boldsymbol{B}_3 = (0.0290, 0.2506, 0.4783, 0.1910, 0.0511)$$
$$\boldsymbol{B}_4 = (0.5343, 0.2316, 0.1609, 0.0723, 0)$$

可以得出

$$\boldsymbol{R} = \begin{bmatrix} 0.1772 & 0.3719 & 0.3617 & 0.0711 & 0.0180 \\ 0.5053 & 0.3328 & 0.1220 & 0.0384 & 0.0016 \\ 0.0290 & 0.2506 & 0.4783 & 0.1910 & 0.0511 \\ 0.5343 & 0.2316 & 0.1609 & 0.0723 & 0 \end{bmatrix}$$

再由 $\boldsymbol{A} = (0.0729, 0.4729, 0.1699, 0.2844)$，可得 $\boldsymbol{B} = \boldsymbol{A} \times \boldsymbol{R} = (0.4088, 0.2930, 0.2111, 0.0766, 0.0107)$。

B 是对被评判对象综合状况的分等级描述,须处理后才能应用于评判。以下采用最大隶属度原则,把 **B** 所带来的信息与等级划分参数 $V=(50,40,30,20,10)$ 进行综合考虑,得出等级参数评判结果为 $P=B×V^T=40.129$。

根据最大隶属度原则,可以得出以下结论:本市政工程的社会效益与影响属于较好水平。该结论也与项目前期可行性研究预期相耦合。

13.6　项目相关经济主体的确定

财务分析研究的对象是单个的经济主体,通过审核经济主体的实物流量和现金流量,了解经济主体的经营情况,评估经济主体的生存能力,估算可能的投资效益。将这些经济主体组成的主体群的财务报表合并在一起,调整后成为国民经济分析的重要依据。

根据经济主体与项目之间关系的不同,将经济主体分为两类:项目包含的主体和受项目影响的主体。项目包含的主体直接或间接地参与项目产品(或服务)的生产(或分配),是该项目经济决策的重要制定者,也称导向性主体。在市政设施投资项目中,包括提供服务和进行投资的主体,设施服务机构及供应商和服务商。受项目影响的主体,是指项目的直接受益者或受到项目间接影响的主体,也称目标主体,包括消费者、社会服务者、项目可能对其收入或就业机会产生重大影响的失业人员。经济主体的确定需遵从有无对比原则,见表 13.9。

表 13.9　经济主体的确定

经济主体	财务分析	经济分析(合并报表)
项目投资者	是	是
项目建设参与者	取决于与主体的关系及其对项目的重要程度	是
项目经营者	是	是
项目上游和下游的投资主体	取决于项目对主体的重要程度	是
无新增投资但重新经营业务的经济主体	取决于该业务活动对主体和项目的重要程度	取决于该业务活动对主体和项目的重要程度

13.7　相关经济主体的费用与效益分配

应从资源合理配置的角度,分析项目投资的经济效益和对社会所做出的贡献,评价项目的经济合理性。对于财务现金流量不能全面、真实地反映经济价值,需要进行经济费用效益分析的项目,应将经济费用分析的结论作为项目决策的主要依据之一。对于财务价格扭曲,不能真实反映项目产出的经济价值,财务成本不能包含项目对资源的全部消耗,财务效益不能包含项目产出的全部经济效果的项目,需要进行经济费用效益分析。

1.经济费用效益分析的适用范围

①具有垄断特征的项目。
②具有公共产品特征的项目。
③外部效果显著的项目。
④资源开发项目。
⑤涉及国家经济安全的项目。
⑥受过度行政干预的项目。

2.经济费用效益分析的必要性

在市场经济条件下,财务分析可以反映出建设项目给企业带来的直接效果,但由于市场失灵现象的存在,财务分析不可能将建设项目产生的效果全部反映出来,而经济费用效益分析关系到宏观经济的持续健康发展和国民经济结构布局的合理性,所以说经济费用效益分析是非常必要的。

3.经济费用效益分析的方法

经济费用效益分析方法与财务分析在本质上是一致的,即编制有关报表,计算分析指标:经济净现值、经济内部收益率、经济效益费用比。在填制报表时,需要注意两个方面的问题:计量范围及计量价格。

4.经济费用效益的计量范围

在项目所在国家范围内考察项目的经济费用效益,考察项目对项目主体以外的影响(有利的和不利的),剔除国内财政的转移支付。

5.经济费用效益的计量原则

财务分析:计算财务效益和费用主要依据货币的变动。

经济费用效益分析:考察国民经济效益和费用主要依据社会资源的真实变动。凡是增加社会资源的项目,其产出都是国民经济效益;凡是减少社会资源的项目,其投入都是国民经济费用。

项目的正确决策和顺利实施要考虑调动各方面的积极性和安排必要的补偿。这样做的前提是要大致勾画出相关利益主体因项目影响而受益(受损)的情况。这种影响除了包括项目的产出和投入引起的,还要包括由项目引起的各种转移支付,是相当复杂的。在经济费用效益分析和财务分析的基础上,可以列出相关利益主体的受益(受损)分配表(表 13.10)。

表 13.10　相关利益主体的受益(受损)分配表

利益主体	受益(受损)现值计算基础	分析
政府	现金流量表	①细分中央和与之相关的若干个地方政府; ②调整为实价
民间投资者	投资各方现金流量表	①指政府以外的所有权益投资者; ②必要时可包括项目主要投入物的供应商和产出物的竞争对手
项目就业的职工	实际工资和福利减影子工资	必要时可包括对上下游产业就业的影响
消费者和受益群体	支付意愿减实际支付	受益群体也包括受损群体
合计	国民经济效益费用净现金流量	如果包括境外投资者和境外职工,应严格地称为国内经济

第14章 市政道路投资项目的费用分析

14.1 计 算 原 则

14.1.1 总体计算原则

(1)关于基准年和价格水平年,基准年最好选用与前评价相同的年份,以利于和前评价进行对比。一般可选用建设开始年,并以该年年初作为计算的基准点。至于价格水平年,可选用建设开始或后评价开始前一年。

(2)对后评价时点以前的投资费用,应采用实际发生值,包括建设期和运营期内各年实际投入的固定资产投资、年运行费和流动资金。对后评价时点以后的投资费用,则采用重新预测值。

(3)国民经济后评价中固定资产的投资,应包括工程竣工投资和工程竣工决算后除险加固、改扩建和设备更新等投资。

(4)国民经济后评价中的年运行费,应按运行期各年实际发生的年运行费计算,考虑到不少实际年运行费不能维持正常运行的需要,可同时估算维持工程正常运行实际所需的年运行费。

(5)国民经济后评价中的投资费用,原则上采用影子价格计算,考虑到实际工程中测算影子价格的工作量大,现在有很多货物的市场价格已接近影子价格,故可以适当简化计算。

以下对各类工程的计算原则进行说明。

14.1.2 土方工程

1.一般土方

(1)土方的挖、运均以天然密实体积(自然方)计算,回填土按碾压后的体积(实方)计算。

（2）一般土方包括道路土方，以及底面宽度超过 7 m、长度超过底面宽度的 3 倍、基坑底面积在 150 m² 以上的土方。

（3）土方分为综合土和四类土，一般情况下，执行综合土定额。土方中砾石含量超过 10% 时，可套用四类土；碎石、砾石含量超过 30% 时，按四类土乘以 1.43 计算。

（4）人工挖土、运土定额适用于工程量小、运距近和不适宜用机械施工的土方工程。除以上情况外，均执行机械土方定额。对于机械挖不到的土方或需要人工配合修整挖土时，可套用人工挖土定额。区分比例为机械挖土按 90% 计算，人工土方为 10%，人工辅助挖土按相应定额乘以 1.5 计算。

（5）机械土方分为推土机推土（最大推距不能超过 80 m）、铲运机铲运土方和挖掘机挖土。

（6）机械土方现场运输指现场分段施工需回填时可利用的土方，不包括耕植土、流砂、淤泥、垃圾、杂填土和冻土。

2. 沟槽土方

（1）底宽小于 7 m，底长是底宽 3 倍以上的土方按沟槽土方计算。

（2）沟槽土方挖土深度步距分为 2 m、4 m、6 m、8 m。深度超过 8 m 时，每增深 1 m，按上步定额乘以 1.12 计算。

①沟槽深度在 1 m 以内时，不放坡，不设撑。

②沟槽深度在 2 m 以内时，放坡系数取 1∶0.25；在 3 m 以内时放坡系数取 1∶0.33。

③沟槽深度在 4 m 以内时，设置疏撑，放坡系数取 1∶0.05。

④沟槽深度超过 4 m 时，可设密撑，放坡系数取 1∶0.05。

⑤沟槽沿线电杆、树木、管线勾头的加固计入措施费用。

注：管道结构无管座按管道外径计算，有管座按管道基础外缘计算，构筑物按基础外缘计算。

3. 基坑土方

（1）底长是底宽 3 倍以下，底面积在 150 m² 以内的土方，按基坑计算。

（2）机械挖基坑土方参照机械挖沟槽土方定额。

4. 竖井土方

（1）竖井土方包括挖顶管工作坑、交汇坑土方、排水沉井下沉挖土挖泥等项

目,不包括隧道沉井挖土和地下连续墙大型支撑基坑土方。

(2)工作坑、交汇坑土方深度超过 8 m 时,每增深 1 m,按 8 m 定额乘以 1.05 计算。

5.暗挖土方

(1)暗挖土方是指土质隧道开挖。

(2)暗挖土方定额包括支护和洞内起步土方运输,但不包括土方弃运。

(3)淤泥:在静水或缓慢流水环境中沉积并含有机质的细粒土,其天然含水量大于液限,天然孔隙比大于 1.5%。

(4)流砂:含水饱和的细砂、微粒砂或亚黏土等,由于动水压力的作用发生流动的现象。

14.1.3　石方工程

(1)石方工程分一般石方、沟槽石方和基坑石方。

(2)岩石分为松石、次坚石、普坚石、特坚石四种。

(3)拆除的旧水泥混凝土路面、沥青混凝土路面,可执行石方运输定额。

14.1.4　回填和外运土方

(1)填方包括压实方和松填方两种施工方法,松填方为绿化带填土和其他不需要夯实的土方。管道道路工程连续作业时,填方可按相应定额乘以系数 1.20。

(2)余方弃置是指耕植土、淤泥、流砂、堆积垃圾和挖方减去可利用土方后剩余的土方。

(3)缺方内运是指从取土地点挖运至短缺土方作业面。

(4)沟槽弃运土方为管占体积和构筑物体积。

14.1.5　路基处理

(1)道路施工中,不同结构有一定的扩宽度,以保证设计断面密实和稳定。扩宽度可依据图纸设计要求,如无设计要求,可按以下标准计算:填方段为道路边线以外 50 cm,挖方段为道路缘(侧)石以外 15 cm。如不设置缘(侧)石,按道路边线每侧以外 30 cm。

（2）道路工程施工中，若填方段为重型击实，则路床以下 80 cm 以内，按每立方米压实方折合为自然方 1.22 m³ 进行换算。

（3）混凝土滤管盲沟消耗量定额中，不含滤管外层材料。

（4）粉喷桩消耗量定额中，桩直径按 50 cm 计算。

（5）袋装砂井塑料排水板处理软土基，工程量为设计深度，消耗量定额中已包括砂袋式塑料排水板的预留长度。此消耗量定额是按砂井直径 7 cm 编制的，如砂井直径不同，可按砂井截面面积的比例关系调整中（粗）砂的用量，其他不作变动。

（6）振冲碎石桩消耗量定额中不包括污泥排放处理的费用。

（7）土工布的铺设面积为锚固沟外边缘所包围的面积，包括锚固沟的底面积和侧面积。

（8）排水沟、截水沟工程可参照砌筑渠道及混凝土渠道的相关消耗量定额。

14.1.6　道路基层

（1）路床（槽）整形项目包括平均厚度 10 cm 以内的人工挖高填低、整平路床、使之形成设计要求的纵横坡度，并应经压路机碾压密实。

（2）道路弹软土基处理，如有路基设计要求，按设计要求处理；如无设计要求，按路床施工面积每平方米增加费用 2.20 元（人、机费用各一半）计算。

（3）边沟成型项目综合考虑了边沟挖土的土类和边沟两侧培整所需的挖土、培土、修整边坡、余土抛出沟外、边沟所出余土弃运至路基 50 cm 以外所需人工。

（4）定额中设有"每增加"的子目，适用于压实厚度在 20 cm 以内的情况。压实厚度在 20 cm 以上时，应按两层结构层铺筑。

（5）消耗量定额中的多合土（商品料除外）是按现场拌和考虑的，如采用集中拌和，可增列运输费用。

（6）消耗量定额中的多合土基层中各种材料是按常用的配合比编制的。当设计配合比与消耗量定额不同时，有关的材料消耗量可以换算，但人工、机械消耗量不能换算。

（7）基层混合料中的石灰用量均为生石灰的消耗量，土方量为松方消耗量。

（8）石灰土基层、多合土基层多层次铺筑时，其基础顶层需进行养护。对于养护消耗量定额，养护期按 7d 考虑，用水量已综合在消耗量定额内，养护面积按顶层多合土面积计算。

14.1.7　道路面层

（1）定额中所列沥青混凝土路面、黑色碎石路面包括人工摊铺与机械摊铺两种操作方法，以满足不同施工需要。沥青混凝土路面、沥青表面处治路面、黑色碎石路面所需要的面层熟料实行定点炒拌时，其运至作业面所需的运费不包括在该项目中，需另行计算。从拌和点运输至施工作业面的距离超过 25 km 时，按 2 km 折合 1km 计算。

（2）水泥混凝土路面实行现场定点搅拌时，其半成品运输至作业面所发生的费用可按 1 t 翻斗车运输项目计算。

（3）水泥混凝土路面综合考虑了前台的运输工具不同所影响的工效及有筋、无筋的工效，施工中无论有筋、无筋及出料机具如何，均不得换算。水泥混凝土路面消耗量定额中不含真空吸水和路面刻防滑槽两项工作内容，实际发生时应再执行相应消耗量定额。

（4）喷洒沥青油料消耗量定额中，分别列有石油沥青和乳化沥青两种，应根据设计要求套用相应项目。喷洒透层油执行喷洒乳化沥青消耗量定额。

（5）如采用煤沥青代替石油沥青，煤沥青的消耗量应为石油沥青消耗量乘以系数 1.20。

（6）使用商品沥青拌和料时，按商品沥青拌和料的有关单价计算。

（7）混凝土路面以平口为准，如设计为企口，其用工量按消耗量定额相应项目乘以系数 1.01，木材摊销量按消耗量定额相应摊销量乘以系数 1.05。

（8）伸缩缝面积为缝的断面面积，即缝长与缝深之积。

（9）沥青混凝土摊铺在设计不允许冷接缝，需两台摊铺机平行操作时，可按消耗量定额中摊铺机台班数量增加 70% 计算。

14.1.8　人行道及其他

（1）所采用的人行道板、侧石（立缘石）、花砖等砌料及垫层如与设计不同，材料可按设计要求进行换算，但人工消耗量不变。

（2）人行道面砖边长在 15 cm 以内时，执行异型彩砖铺砌消耗量定额。

（3）人行道铺筑按"m"计算，不扣除各类井位所占面积，但应扣除树坑板面积。侧平石按延长米计算。

14.1.9　道路交通设施工程

(1)道路交通设施工程消耗量定额中包括基础项目、交通标志、交通标线、交通信号设施、交通岗位设施、交通隔离设施六部分,适用于省内道路、桥梁、隧道、广场及停车场(库)的交通管理设施工程。消耗量定额中不包括翻挖原有道路结构层及道路修复内容,若发生则套用相关消耗量定额。

(2)工井消耗量定额中不包括电缆管接入工井时的封头材料,发生时应按实计算。

(3)电缆保护管铺设参照路灯定额中的相关项目。

(4)标杆安装项目中包括标杆上部直杆及悬臂杆安装、上法兰安装及法兰连接等工作内容。柱式标杆安装项目是按单柱式标杆编制的,若安装双柱式标杆,则按相应项目的两倍计。

(5)反光镜安装参照减速板安装项目,并对材料进行抽换。

(6)交通标线中实线按设计长度计算;分界虚线按规格以"线段长度×间隔长度"表示,工程量按虚线总长度计算;横道线按实油漆面积计算;文字标记按每个文字的整体外围作方尺寸计算。

(7)线条的消耗量定额宽度:实线及分界虚线为 15 cm,黄侧石线为 20 cm。若实际宽度与消耗量定额宽度不同,材料数量可按比例换算。

(8)停止线、黄格线、导流线、减让线参照横道线消耗量定额,按实漆面积计算。减让线按横道线消耗量定额,人工及机械台班数量乘以系数 1.05。

(9)线条的其他材料费中已包括护线帽的摊销,箭头、字符、标记的其他材料费中已包括模板的摊销,均不得另行计算。

(10)文字标记的高度应根据计算行车速度确定:计算行车速度小于 40 km/h时,字高为 3 m;计算行车速度为 60～80 km/h 时,字高为 6 m;计算行车速度大于 100 km/h 时,字高为 9 m。

(11)温漆子目中不包括反光材料,若发生应按实计算。

(12)交通信号灯安装以"套"计算,环形检测线敷设长度按实埋长度与余留长度之和计算。

(13)信号灯电源线安装消耗量定额中不包括电源线进线管及夹箍,应按施工中实际发生数量计算。

(14)交通信号灯安装不分国产和进口、车行和人行,消耗量定额中已综合取定。

(15)安装信号灯所需的升降车台班已包括在信号灯架消耗量定额中。

(16)消耗量定额中不包括特征软件的编制及设备调试。

(17)环形检测线安装消耗量定额适用于在混凝土和沥青混凝土路面上的导线敷设。

(18)值警亭安装消耗量定额中不包括基础工程和水电安装工作内容,发生时套用相关消耗量定额另行计算。值警亭按工厂制作、现场整体吊装考虑。

(19)车行道中心隔离护栏(活动式)底座数量按实计算。

(20)机、非隔离护栏的安装长度按整段护栏首尾两个分隔墩的外侧面之间的长度计算。

(21)人行道隔离护栏的安装长度按整段护栏首尾立杆之间的长度计算。

(22)消耗量定额中车行道中心隔离护栏(活动式、固定式)为 2.5 m,机、非隔离护栏为 3 m,人行道隔离护栏(半封闭)为 6 m,人行道隔离护栏(全封闭)为 2 m。

(23)消耗量定额中每扇活动门的标准宽度:半封闭活动门(单移门)为 $B \leqslant$ 4 m;半封闭活动门(双移门)为 4 m$\leqslant$$B$$\leqslant$8 m;全封闭活动门为 2 m 或 4 m。

14.1.10　钢筋工程

(1)钢筋工程包括各种钢筋、高强钢丝、钢绞线、预埋铁件等制作及安装项目。

(2)定额中钢筋按 ϕ10 以内及 ϕ10 以外两种分列,ϕ10 以内采用 A3 钢,ϕ10 以外采用 16 Mn 钢,钢板均按 A3 钢计列。预应力筋采用Ⅳ级钢、钢绞线和高强钢丝。因设计要求采用钢材与定额不符时,可予以调整。

(3)因束道长度不等,故定额中未列锚具数量,但已包括锚具安装的人工费。

(4)先张法预应力筋制作、安装定额,不包括张拉台座,该部分可按批准的施工组织设计计算。

(5)压浆管道定额中的铁皮管、波纹管均已包括套管及三通管安装用工,但不包括三通管材料用量,发生时可另行计算。

(6)钢筋按设计数量套用相应定额计算(损耗已包括在定额中)。设计不包括施工用筋,经建设单位同意后可另计。

(7)T 型梁连接钢板项目按设计图纸,以"t"为单位计算。

(8)定额中钢绞线按 ϕ15.24 mm、束长在 40 m 以内考虑,如规格不同或束长超过 40 m,应另行计算。

(9)工程量按设计用量乘以下列系数计算:锥形锚为 1.05;OVM 锚为 1.05;墩头锚为 1.00。

(10)钢筋工程量按图示尺寸以"t"计算。现浇混凝土中固定钢筋位置的支撑钢筋、双层钢筋用的架立筋(铁马)、伸出构件的锚固钢筋均按钢筋计算,并入钢筋工程量内。钢筋的搭接用量:设计图纸已注明的钢筋接头,按图纸规定计算。设计图纸未注明的通长钢筋接头,$\phi 25$ 以内的,每 8 m 计算 1 个接头;$\phi 25$ 以上的,每 6 m 计算 1 个接头。搭接长度按规范计算。

14.2　投资费用的计算

14.2.1　数理统计方法

在进行市政工程造价估算的过程中,通常采用数理统计方法。该方法能对类似工程的历史造价资料进行分析、统计,从而明确各种因素对工程造价的影响。但是数理统计方法只能用于一些较小项目的数据统计,如果在大项目中全面运用数理统计方法,会在很大程度上影响估算的速度和准确度。

14.2.2　模糊数学方法

模糊数学方法,即对在建项目中的影响信息进行模糊化处理,使当前工程和已建工程之间的相似度定量化,并以此为依据估算工程造价。该方法能切实地保证在建工程与已建工程相似,并将相似的工程列举出来,作为原始资料进行全面预测。这种方法虽然常用,但是不能实时而准确地反映某些方面,使得工程估算不准确。若物价不稳定,就会严重影响工程造价的准确性。

14.2.3　基于神经网络的工程造价估算方法

在进行工程造价估算时,上述两种估算方法在很大程度上会出现估算结果不准确、估算速度缓慢的情况,因此,在时代科技不断发展的今天,一种全新的估算手段应运而生,即基于神经网络的工程造价估算方法。基于神经网络的工程造价是通过确定样本项目模型来估算工程造价,避免主观因素的影响,保证在估算的过程中选择当时、当地的材料价格,准确、快捷,与其他工程造价方法相比,估算结果更加符合实际,更适应社会的发展规律。然而,这种估算方法对工程特

征的确定和样本项目的选择还是只能靠经验,不可避免地造成工程造价偏离实际项目投资额。

14.2.4 综合指标投资估算方法

综合指标投资估算方法是依据国家有关规定,国家、行业或地方的定额、指标和取费标准,以及设备和主材价格等,从工程费用中的单项工程入手,来估算初始投资。从项目的每个组成部分来估算,以在建市政道路工程的所需建筑工程费、设备和工器具购置费、安装工程费、工程其他费用之和为基础,来计算基本预备费和涨价预备费。这种方法所耗时间较长,需要相关专业提供较为详细的资料,但估算精度相对较高。

1.调整内容

①剔除国民经济内部的转移支付,主要有实际发生的利润、税金、设备、国内贷款利息。

②按影子价格调整项目所需主要材料的费用。

③按土地影子费用调整项目占用土地的补偿费。

④按影子工资调整劳动力费用。

⑤调整其余投资费用。

2.调整方法与步骤

①分析确定属于国民经济内部转移支付的费用。

②按影子价格计算项目所需主要材料的费用,并计算与工程决算投资或重估投资中主要材料费用的差值。

③按影子价格计算主要设备的投资,并计算与工程决算投资或重估投资中设备投资的差值。

④计算项目占用土地的影子费用,并计算与工程决算投资或重估投资中占用土地补偿费用的差额。

⑤按影子工资计算劳动力费用,并计算与工程决算投资或重估投资中劳动力费用的差值。

⑥根据物价指数调整除以上已调整值外的其余投资费用,并计算与工程决算投资或重估投资中相应部分的差值。

14.3　年运行费的计算

国民经济后评价的年运行费,可根据实际发生和重新预测的项目年运行费,按影子价格进行调整计算。具体调整时,在项目后评价时点以前发生的年运行费,应根据项目实际发生的年运行费进行调整计算;在项目后评价时点以后发生的年运行费,应根据项目重新预测的年运行费进行调整计算。

14.3.1　直接费

直接费是指养护维修工程时耗费的、构成工程实体和有助于工程形成的各项费用,包括人工费、材料费、施工机械使用费等。

1. 人工费

人工费是指直接从事道路日常养护工作的生产工人开支的各项费用,内容如下。

①基本工资:发放给生产工人的基本工资。

②工作性补贴:按规定标准发放的物价补贴,煤、燃气补贴,交通补贴,住房补贴,流动施工津贴等。

③生产工人辅助工资:生产工人年有效施工天数以外非作业天数的工资,包括职工学习、培训期间的工资,调动工作、探亲、休假期间的工资,因气候影响的停工工资,女职工哺乳期间的工资,病假在六个月以内的工资,以及产、婚、丧假期间的工资。

④职工福利费:按规定标准计提的职工福利费。

⑤生产工人劳动保护费:按规定标准发放的劳动保护用品的购置费以及修理费、徒工服装补贴、防暑降温费、在有碍身体健康环境中施工的保健费用等。

⑥工人应交的社会保险费:按规定标准由工人个人缴纳的失业保险、养老保险、工伤保险、医疗保险、住房公积金等社会保险费。

2. 材料费

材料费是指施工过程中耗费的,构成工程实体的原材料、辅助材料、构配件、零件、半成品的费用,内容如下。

①材料价格(或供应价格)。

②材料运杂费:从材料来源地运至工地仓库或指定堆放地点所发生的全部费用。

③运输损耗费:材料在运输装卸过程中不可避免的损耗所发生的费用。

④采购及保管费:组织采购、供应和保管材料过程中所需要的各项费用,包括采购费、仓储费、工地保管费、仓储损耗费。

⑤检验试验费:按照国家标准、规范的规定,对道路材料、构件和道路安装物必须进行的一般鉴定、检查所发生的费用,包括自设试验室进行试验所耗用的材料和化学药品费用,但不包括新结构、新材料的试验费和建设单位对具有出厂合格证明材料进行检验,对构件做破坏性试验及其他特殊要求检验试验的费用。

3. 施工机械使用费

施工机械使用费是指施工机械作业所发生的机械使用费以及机械安拆费和场外运费。施工机械台班单价由下列费用组成。

①折旧费:施工机械在规定的使用期限(即折旧总台班)内,陆续收回其原值及购置资金的时间价值。

②经常修理费:施工机械在规定的使用期限内的各级保养(包括一、二、三级保养)和临时故障排除所需的费用,包括为保障机械正常运转所需替换设备与随机配备工具的摊销和维护的费用,机械运转与日常保养所需润滑与擦拭的材料费用,以及机械停滞期间的维护和保养费用等。

③安拆费及场外运输费:安拆费是指施工机械在现场进行安装、拆卸所需的人工费、材料费、机械费、试运转费,以及机械辅助设施(包括安装机械的基础、底座、固定锚桩、行走轨道、枕木等)的折旧、搭设、拆除等费用;场外运输费是指施工机械整体或分件自停放地点运至施工现场或由一个工地运至另一个工地的运输、装卸、辅助材料及架线等费用。

④机械管理费:机械设备在正常停置、封存保管期间,发生的存放场地或仓库的使用费,以及施工期间机械自身的管理费用。

⑤机械台班人工费:机上司机(司炉)和其他操作人员的机械工作台班内的人工实际消耗。

⑥燃料动力费:施工机械在运转作业中所消耗的固体燃料(煤、木柴)、液体燃料(汽油、柴油)、水、电及其损耗等费用。油料损耗包括加油及油料过滤损耗,电力损耗包括由变电所或配电车间至机械的线路电力损失。

14.3.2　措施费

措施费是指为完成养护维修工程项目施工,发生于该工程施工前和施工过程中非工程实体项目的费用,内容如下。

1. 安全文明施工措施费

安全文明施工措施费包括施工企业临时设施、所有涉及工程安全和文明施工的费用等。

①临时设施费:施工企业为进行建筑安装工程施工所必需的生活和生产用的临时建筑物、构筑物和其他临时设施的搭设、维修、拆除费用或摊销费用,包括临时宿舍、文化福利及公用事业房屋与构筑物,仓库、办公室、加工厂,以及规定范围内道路水、电、管线等临时设施和小型临时设施。

②安全施工费:依照国家有关安全生产法律法规,为保证工程建设项目所涉及人员安全而采取的必要的安全防护措施所需的费用。

③文明施工费:依照我市有关文明施工法律法规,为满足建筑施工现场文明施工及环境保护措施所需的费用。

④环境保护费:按照建设行政主管部门和环保部门的有关规定要求,采取的施工场地周边的环境保护措施所需的各项费用。

2. 履约担保手续费

履约担保手续费是指施工企业为办理提交给建设方的履约担保手续所需的费用。

3. 夜班施工增加费

夜班施工增加费是指除合理工期内因施工工序需要连续作业的夜班施工,建设方为缩短合理工期而要求施工企业在夜间施工时,因夜间施工所发生的夜班补助费、夜间施工降效、夜间施工照明设施摊销及照明用电等费用。

4. 赶工措施费

赶工措施费是指在建设方要求的工期少于合理工期时,施工企业为满足工期要求而采取的相应组织或施工措施发生的费用,但不包括"夜间施工增加费"。

5. 冬雨季施工费

冬雨季施工费是指在冬季、雨季施工期间,为了确保工程质量,采取保温(防寒)、防雨措施所增加的材料费、人工费和设施费用,以及因工效和机械作业效率降低所增加的费用,但不包括在混凝土中掺用外加剂的费用。

6. 已完工程及设备保护费

已完工程及设备保护费是指工程验收移交前,按照招标文件要求,对指定的已完工程和已安装设备等进行保护所需的费用。

7. 地上地下设施及建筑物的临时保护费用

地上地下设施及建筑物的临时保护费用是指对施工现场既有建筑物、构筑物、管线等进行临时保护、加固等产生的费用。特殊项目需对地上地下设施、建筑物的临时保护措施进行专项设计时,可将此费用在工程建设其他费用中列支计算。

8. 混凝土、钢筋混凝土模板及支架费

混凝土、钢筋混凝土模板及支架费是指混凝土施工过程中所需的各种钢模板、木模板、支架等的支、拆、运输费用,以及模板、支架的摊销(或租赁)费用。

9. 二次搬运费

二次搬运费是指因施工场地狭窄等特殊情况造成施工材料、设备等不能一次进场,需经停第三地(除工地仓库及材料供货仓库以外)到运进施工现场而发生的二次搬运费用。

10. 脚手架费

脚手架费是指施工所需的各种脚手架搭、拆、运输费用及脚手架的摊销(或租赁)费用。

11. 垂直运输机械费

垂直运输机械费是指施工所需的各种垂直运输机械台班费用,不包括垂直运输机械的进出场运输及转移费用、一次安拆费用、路基铺垫和轨道铺拆等

费用。

12. 大型机械设备进出场及安拆费

大型机械设备进出场及安拆费是指施工所需的各种大型机械整体或分体自停放场地运至施工现场,或由一个施工地点运至另一个施工地点,所发生的机械进出场运输及转移费用,以及机械在施工现场进行安装、拆卸所需的人工费、材料费、机械费、试运转费和安装所需的辅助设施的费用。

13. 施工排水、降水费

施工排水、降水费是指为确保工程在正常条件下施工,采取各种排水、降水措施所发生的费用。

14. 各专业工程措施项目费

①道路工程:土方支护结构等。

②安装工程:组装平台,设备、管道施工的防冻和焊接保护措施,压力容器的检验,隧道内施工的通风、供水、供气、供电、照明及通信设施。

③市政工程:围堰、筑岛、便道、便桥,洞内施工的通风、供水、供气、供电、照明及通信设施,驳岸块石清理,地下管线交叉处理,轨道交通工程路桥,市政基础设施施工监测、监控、保护等。

14.3.3　间接费

间接费由管理费和规费组成。

1. 管理费

管理费是指施工企业为组织施工生产和经营管理所需的费用,内容如下。

(1)管理人员工资:施工企业管理人员的基本工资、工资性补贴、职工福利费、劳动保护费等。

(2)办公费:施工企业管理办公用的文具、纸张、账表、印刷、邮件、通信、书报、会议、水电等费用。

(3)差旅交通费:施工企业职工因公出差或调动工作的差旅费、住勤补助费、市内交通费和误餐补助费,探亲路费,劳动力招募费,工伤人员就医路费,工地转移费以及管理部门使用的交通工具的燃油费、养路费及牌照费等。

(4)固定资产使用费:施工企业的管理和试验部门及附属生产单位使用的,属于固定资产的房屋、设备、仪器等的折旧、大修、维修或租赁费用等。

(5)工具用具使用费:施工企业管理使用的不属于固定资产的生产工具、器具、家具、交通工具,以及检验、试验、测绘和消防用具等的购置、维修和摊销费。

(6)劳动保险费:由施工企业支付离退休职工的易地安家补助费、职工退职金、六个月以上的病假人员工资、职工死亡丧葬补助费、抚恤费、按规定支付给离休干部的各项经费。

(7)工会经费:施工企业按职工工资总额的一定比例计提的工会经费。

(8)职工教育经费:施工企业为职工学习先进技术和提高文化水平,按职工工资总额的一定比例计提的学习、培训费用。

(9)保险费:施工企业办理施工管理用财产、车辆的保险,及高空、井下等特殊工种安全保险支出的保险费用。

(10)财务费:施工企业为筹集资金而发生的各项费用,包括企业经营期间发生的短期贷款,日息净支出、汇兑净损失、金融机构手续费,以及企业筹集资金发生的其他财务费用。

(11)其他管理费:包括预算编制费、技术转让费、技术开发费、业务招待费、土地使用费、排污费、绿化费、广告费、公证费、法律顾问费、审计费、咨询费等。

2. 规费

规费指政府和有关权力部门规定必须缴纳的费用(简称规费),内容如下。

(1)社会保险费。

①失业保险费:施工企业按国家规定标准为职工缴纳的失业保险费。

②养老保险费:施工企业按国家规定标准为职工缴纳的基本养老保险费。

③工伤保险费:施工企业按国家规定标准为职工缴纳的工伤保险费。

④医疗保险费:施工企业按国家规定标准为职工缴纳的基本医疗保险费。

(2)住房公积金。

此处所说的"住房公积金"是指施工企业按国家规定标准为职工缴纳的住房公积金。

14.3.4 利润

利润是指养护维修企业完成所承包工程获得的盈利。

14.3.5　税金

税金是指国家税法规定的应计入建筑安装工程造价内的营业税、城市维护建设税及教育费附加。

1. 营业税

营业税是按营业额乘以营业税税率确定的。营业额是指从事建筑、安装、修缮、装饰及其他工程作业收取的费用,还包括建筑、修缮、装饰工程所用原材料及其他物资和动力的价款,当安装的设备价值作为安装工程产值时,也包括所安装设备的价款。按照相关规定:"安装工程计价时,其计税基础中允许扣除电梯、锅炉、中央空调、机器设备(含空调机、电梯、高尔夫球场喷灌设备等)、保龄球道等设备的价值。"上述不计税设备,其设备费不计入建筑安装工程费用,而应列入工程建设的设备购置费。

2. 城市维护建设税

城市维护建设税是指为加强城市的维护建设,稳定和扩大城市维护建设的资金来源,对所有经营收入的单位和个人征收的税,是按应纳营业税额乘以适用税率确定的。

3. 教育费附加

教育费附加是指为了发展地方教育事业、扩大地方教育经费来源而征收的一种附加税,是按应纳营业税额乘以适用费率确定的。

14.3.6　市政管理费用

市政管理费用包括市政管理人员工资、设施巡视巡查费用,设施技术资料档案管理费,数字化管理费用。

14.3.7　其他费用

其他费用包括检验试验费、流量观察费、设施普查费、道路安全预警系统维护费、管网监控系统维护费、水质检测费等。

14.4　流动资金的计算

流动资金应包括维持项目正常运行所需的购买燃料、材料、备品和支付职工工资等所需的周转金。流动资金所占比重很小,一般可简化计算。在项目后评价时点以前发生的流动资金,应根据项目实际发生值,按照各年的物价指数调整计算;在项目后评价时点以后发生的流动资金,可按年运行费的 5%～10% 计算。相关计算公式见式(14.1)～式(14.4)

$$流动资金＝流动资产－流动负债 \tag{14.1}$$

$$流动资产＝应收账款＋预付账款＋存货＋现金 \tag{14.2}$$

$$流动负债＝应付账款＋预收账款 \tag{14.3}$$

$$年流动资金投资额(垫支数)＝本年流动资金需用额－截至上年的流动资金投资额$$
$$＝本年流动资金需用数－上年流动资金需用数$$

$$\tag{14.4}$$

14.5　项目国民经济后评价的效益分析

14.5.1　计算原则

(1)国民经济后评价时点以前的效益应采用实际发生的效益,对后评价时点以后的效益可根据后评价时点以前的效益重新预测。效益计算的范围和价格水平年应与费用计算口径对应一致。

(2)国民经济后评价的效益,按假定无本工程情况下可能产生的效益(或造成的损失)与有本工程情况下实际获得的效益(或实际损失)的差值计算,包括直接效益和间接效益。

(3)国民经济后评价的效益,在计算期内各年应采用同一价格水平,一般可按各年效益的实际指标乘价格水平年的单价计算。

(4)项目对社会、经济、环境造成的不利影响,已经发生的,应计算其负效益;对未发生且能采取措施进行补救的,应在项目费用中计入补救措施的费用;对未发生且难以采取措施补救或者采取措施后仍不能消除全部不利影响的,应计算其全部或部分负效益。

14.5.2　效益分析

城镇市政设施投资项目的效益分析,分为交通设施投资项目的效益分析、能源设施投资项目的效益分析、水资源和给排水设施投资项目的效益分析、环境设施投资项目的效益分析以及防灾设施投资项目的效益分析。

14.6　项目国民经济后评价的通用参数分析

1. 社会折现率

(1)社会折现率的定义。

社会折现率是指基于全社会的角度对政策、公共投资项目或其他相关方面进行费用效益分析的适用(或参考)折现率。社会折现率适用于我国目前对建设投资项目的经济评价和决策,也适用于进行公共政策和其他公共决策方面的分析。简单地讲,社会折现率是将现在手中的钱财和将来手中的钱财进行等价交换的社会交换率,在投资项目后评价中,用于进行费用和效益的计算。在理论上,社会折现率有两种含义:一是消费者社会性的时间偏好率,是在考虑了代际公平性等社会立场的条件下,现在牺牲的消费量与将来要求返还的消费量之比;二是资本机会成本,即现在投资的钱财与将来要求投资回收钱财之比。在交换可满足一国市场均衡的条件下,得出市场均衡点即可得出社会折现率。因此,社会折现率可以从生产方面(资本机会费用)进行分析,也可从消费方面(时间偏好)进行分析。

(2)社会折现率的测定方法。

实际上,理想的均衡市场和均衡点并不存在,因此一般社会折现率(social discount rate,SDR)应满足以下关系,即社会时间偏好率≤社会折现率(SDR)≤边际社会成本替代率。从理论角度分析,社会折现率(SDR)是按照下限(即社会时间偏好率)还是按照上限(即边际社会成本替代率)来确定,实质上反映出政府的公共决策是更加重视消费和消费者,还是更加重视生产和生产者。随着我国经济体制和投资体制的改革,我国政府在逐步退出市场,并更加重视以人为本和关心人民群众的生活质量,这些决定了我国的社会折现率(SDR)应主要依据社会时间偏好率来确定。

2. 影子汇率

影子汇率是指能正确反映外汇真实价值的汇率，即外汇的影子价格。影子汇率是一个动态概念，随着其影响因素的变化而不断变化。名义汇率是国家货币当局制定的单位外汇的市场交易价格，影子汇率是单位外汇的经济价值。如果货币当局制定的名义汇率根据经济基本面变化积极调整，不存在对均衡汇率水平的系统性偏离，或者说名义汇率是持续性的，影子汇率则是在名义汇率的基础上扣除由于各种关税、非关税壁垒或者出口鼓励措施所带来的价格扭曲。如果货币当局制定的名义汇率没有根据经济面变化积极调整，则名义汇率存在一定的宏观经济扭曲，在未来难以持续。合理的影子汇率应该是在均衡汇率的基础上扣除由于各种关税、非关税壁垒或者出口鼓励措施所带来的价格扭曲。

均衡汇率是在经济增长和经济稳定意义上较为有效的单位外汇价格水平。均衡汇率是一个中长期概念，由一系列经济基本面因素（如贸易条件、贸易品部门相对国外的劳动生产率、开放程度、国外价格、不变价格的贸易余额和国民生产总值比率、不变价格计算的投资和国内总吸收水平比率等）所支持，从中长期来看，名义汇率必然向均衡汇率靠拢。如果名义汇率相对均衡汇率出现失衡，计算影子汇率采用均衡汇率而不是名义汇率能克服短期宏观经济的扭曲，以及进出口环节税收方面的扭曲。在投资项目国民经济效益后评价中，影子汇率可以通过影子汇率换算系数计算。影子汇率换算系数是影子汇率与名义汇率的比值，根据目前我国的外汇货物比价、加权平均关税率、外汇逆差收入比率以及出口换汇成本等指标的分析和测算而得。

3. 影子工资的换算系数

影子工资是投资项目使用劳动力，社会为此付出的代价。影子工资可采用财务效益后评价中的工资与福利之和乘以影子工资换算系数计算。影子工资换算系数是影子工资与财务效益后评价中劳动力的工资和福利费之比。根据目前我国劳动力市场状况，技术性工作的劳动力的影子工资换算系数取值为1，非技术性工作的劳动力的影子工资换算系数取值为0.849。

换算系数的确定要考虑项目所在地劳动力的技术熟练程度和供求状况。影子工资的取值对项目的国民经济后评价影响较大时，要将劳动力分为非熟练、半熟练、熟练工人，工程技术人员、管理人员，并分别计算影子工资系数，加权平均。

14.7　项目国民经济后评价的影子价格测定

14.7.1　影子价格的理论基础

1.影子价格的概念

影子价格的概念源于运筹学中的线性规划理论。人们在用线性规划的方法求解资源最优配置的问题时,发现线性规划问题的对偶解是一组价格,而且在这组价格下,资源可得到最优的配置。这组价格来源于线性规划问题的对偶解,被称为影子价格,也称为最优计划价格。影子价格是指当社会处于某种最优市场状态下,能够反映社会劳动消耗、资源稀缺程度的价格,是指商品或生产要素可用量的任一边际变化对国家基本目标——国民收入增长的贡献值。也就是说,影子价格是由国家的经济增长目标和资源可用量的边际变化赖以产生的环境决定的。

2.影子价格的经济学理论基础

(1)边际理论。

影子价格是有限的资源在最优配置、合理利用条件下的边际效益,即在此条件下,资源数量的微小变化所产生的效益增量,可近似为效益与资源增量之比。它不是资源的平均价格,而是因利用程度而变化的价格。

(2)机会成本理论。

机会成本是指占用或耗用某种资源,必然放弃其他利用该资源创造价值的机会,其他机会所能创造的价值,就是占用该资源的机会成本。其他机会是国家可随意用于投资或消费的机会。项目的机会成本是项目所在国整体的机会成本,是资源用于该项目而不能用于其他途径所导致的国民经济净产出损失。

(3)最优化理论。

线性规划(或非线性规划)的对偶解是影子价格的数学解释,即通过建立和求解资源优化配置的数学模型,来推求总体最优条件下的资源价格。其理论意义在于如果实现了资源的最优化配置,其价格就是效率价格,即影子价格。

（4）支付意愿理论。

影子价格是产品或服务的接受方愿意支付的边际费用，即为新增一个单位供应所愿意支付的最高费用。接受方既可以将之用于生产的厂家，又可以用于消费者。产品或服务所能带来的一切效益已由支付意愿的价格反映。支付意愿价格随稀缺程度而变化。

（5）理性市场理论。

完善的市场机制是实现资源优化配置的保障。该理论认为只有完善市场机制，才能最有效地配置资源，其价值信号才能真实反映价值。在这种完全自由竞争的市场中，市场价格就是影子价格。

在理性市场中，一个国家资源的稀缺程度可以通过世界范围内的互通有无而改变，市场价格、效率价格、机会成本、支付意愿价格是相通的。然而在现实社会中，任何国家与这种理性的市场均有或多或少的差距。一般认为，市场经济发达国家的市场价格接近影子价格，基本上用市场价格取代影子价格进行评价，而市场经济不发达的国家，市场价格体系不健全，价格失真，需要依据国际市场价格及其他理论方法修正国内市场价格，用影子价格进行国民经济分析、评价及后评价。

14.7.2　影子价格的类别及测定

1.影子价格的类别

按照投资项目的投入与产出的类型，影子价格可分为外贸货物的影子价格、非外贸货物的影子价格、特殊投入物的影子价格。外贸货物是指可直接或间接用于进出口的货物，项目对外贸品的投入或产出将影响国家的进出口。非外贸货物指项目以某种产品作为产出物生产或作为投入物使用，并不影响国家的进出口，包括进出口在经济上不合理或受政策限制不可进出口的货物。特殊投入物主要包括劳动力、土地及自然资源。

2.影子价格的测定

（1）外贸货物的影子价格。

①产出物。

产出物按出厂价计算，包括项目生产的直接出口产品、间接出口产品、替代进口产品等。直接出口产品即外销产品。间接出口产品是内销产品，即替代其他货物使其他货物增加出口的产品。替代进口产品也是内销产品,即以产代进,减少进口的产品。其影子价格计算方法见式(14.5)～式(14.7)

直接出口产品的影子价格＝离岸价格×影子汇率－国内运输费用－国内贸易费用

$$(14.5)$$

间接出口产品的影子价格＝离岸价格×影子汇率－供应厂到口岸的运输费用及其
贸易费用＋供应厂到用户的运输费用及其贸易费用
－项目到用户的运输费用及其贸易费用

$$(14.6)$$

替代出口产品的影子价格＝原进口货物到岸价格×影子汇率
＋口岸到用户的运输费用及其贸易费用
－项目到用户的运输费用及其贸易费用

$$(14.7)$$

②投入物。

投入物按到场价格计算,包括直接进口产品、间接进口产品和减少出口产品等。直接进口产品即国外产品。间接出口产品是国内产品,但是以前进口过,现在也大量进口。减少出口产品属国内产品,但以前出口过,现在也能出口。其影子价格计算方法见式(14.8)～式(14.10)

直接进口产品的影子价格＝到岸价格×影子汇率＋国内运输费用 (14.8)
＋国内贸易费用

间接进口产品的影子价格＝到岸价格×影子汇率＋口岸到用户的运输费用及其
贸易费用－供应厂到用户的运输费用及其贸易费用
＋供应厂到项目的运输费用及其贸易费用

$$(14.9)$$

减少出口产品的影子价格＝离岸价格×影子汇率－供应厂到口岸的运输费用及其
贸易费用＋供应厂到项目的运输费用及其贸易费用

$$(14.10)$$

其中,到岸价格(cost insurance and freight,CIF)是指进口货物运抵我国进口口岸交货的价格,它包括货物进口的货价、运抵我国口岸之前所发生的国外的运费和保险费。离岸价格(free on board,FOB)是指出口货物运抵我国出口口岸交货的价格,它包括货物的出厂价和国内运费以及因内出口商的经销费用。贸易费用是指物资系统、外贸公司和各级商业批发零售等部门经销物资用影子价格计算的流通费用,包括货物的经手、储运、再保障、短距离倒运、装卸、保险、检验

等商品流通环节上的费用支出,也包括流通中的损失、损耗以及资金占用的机会成本,但不包括长途运输费用。外贸货物的贸易费用一般可用货物的口岸价乘以外贸费用率计算得到。贸易费用率需要依照贸易货物的品种、贸易额、交易条件决定。

(2)非外贸货物的影子价格。

①产出物。

a.增加供应数量满足国内消费的产出物。对于供求平衡的产出物,按照财务价格定价。对于供不应求的产出物,参照国内市场价格并考虑价格变化的趋势定价,但不应高于相同质量的进口价格。对于无法判断供求情况的产出物,按照其上述价格低者定价。

b.不增加国内供应数量,只替代类似企业的产品的产出物。对于质量与被替代产品相同的项目运营产出物应按被替代企业相应的产品可变成本的分解结果定价。对于已经提高了质量的产出物,原则上应按替代产品的可变成本加提高产品质量而带来的国民经济效益定价。

②投入物。

a.能通过企业挖掘增加供应且不增加投资的投入物,可按照该企业的可变成本分解去定价。

b.企业其他项目能够提供的投入物,可按全部成本分解定价。当难以获得分解成本资料时,可参照国内市场价格定价。

(3)特殊投入物的影子价格。

①劳动力的影子价格——影子工资。

劳动力是一种资源,投资项目使用了劳动力,社会就要为此付出代价,国民经济评价、后评价中都用影子工资。影子工资包括劳动力的机会成本和劳动力转移而引起的新增资源消耗。劳动力的机会成本是指投资项目所用的劳动力如果不用于所评价的项目而用于其他生产经营活动中所能创造的最大效益。它与劳动力的技术熟练程度和供求状况(过剩和稀缺程度)有关,是影子工资的主要组成部分。

②土地费用。

土地作为一种特殊的投入物,是一种稀缺资源,投资项目用地对国家来说造成了社会费用。投资项目用地影子价格,一般采用两种方法评估,并选用估价较高者。一是以土地出让金加土地开发费用为基础进行评估。二是采用机会成本法进行土地评估。土地机会成本按照投资项目所占土地使国家为此损失的该土地"最好可行替代用途"的净效益计算。

a.农村用地。农村的土地按照机会成本法测定影子价格。投资项目使用农村土地的社会费用,由土地的机会成本和因土地转变用途而发生的新增资源消耗两部分构成。新增资源消耗主要包括拆迁费和人口安置费用。

b.城镇用地。对城镇土地而言,以土地用于其他用途时的边际收益(土地机会成本)来计算土地影子价格是比较理想的方法,这是因为城市规划已确定了土地的用途,在不改变土地用途的情况下,城市土地影子价格的主要内容是机会成本,没有必要考虑新增资源消耗,所以城市土地影子价格就等于机会成本。因此,确定土地影子价格(机会成本)的方法是根据城市规划,确定最佳用途,推算最佳用途不同级别的土地收益、经营成本,并算出纯收益,由纯收益推算土地影子价格。实际上,城镇用地已经在很大程度上存在由市场形成的交易价格。市区内的用地、城市郊区的用地可以采用市场价格测定影子价格。在城市郊区(城市边缘)需要征用农用地的投资项目,土地影子价格可参照最低土地级别的城市土地影子价格。

③自然资源费用。

自然资源可分为可再生资源和不可再生资源,也属于特殊的投入物,它的使用对国家也产生了社会费用。不可再生资源(如矿产)的影子价格按照资源的机会成本或开发费用计算,可再生资源(如水资源)的影子价格按照资源再生费用计算。

14.7.3　城镇市政设施投资项目影子价格的测定

1. 政府调控价格货物的影子价格

城镇市政设施投资项目的产品或服务一般并不是由市场机制决定价格,而是由政府调控。政府调控价格包括政府定价、指导价、最高限价、最低限价等。这些产品或服务的价格并不能完全反映其真实的价值。在国民经济后评价中,这些产品或服务的价格要采取特殊的方法测定,主要有成本分解法、消费者支付意愿法和机会成本法。成本分解法是确定非外贸货物影子价格的一种重要方法,用成本分解法对某种货物的成本进行分解并用影子价格进行调整换算,得到该货物的分解成本。分解成本是指某种货物的制造生产所需要耗费的全部社会资源的价值,这种耗费包括各种物料投入及人工、土地投入,也包括资本投入所应分摊的机会成本费用,这种耗费的价值以影子价格计算。支付意愿是指消费者为获得某种商品或服务所愿意付出的价格。机会成本是指用于项目的某种资源若不用于其他替代机会，在所替代机会中所能获得的最大效益。当电作为项目的投入物时，电力的影子价格可以按成本分解法测定，即按当地的电力供应完全成本口径的分解成本定价。当电作为项目产出物时，电力的影子价格应当按照电力对于当地经济的边际贡献测定。当水作为项目投入物时，水的影子价格应按后备水源的成本分解定价，或按照恢复水功能的成本定价。当水作为项目产出物时，水的影子价格按消费者支付意愿或按消费者承受能力加政府补贴定价。

2. 供水与排水设施的收费价格

城镇水资源与给排水系统通过永久性的物理连接网络将工厂和消费者连接起来，这种自然垄断性的特点使这类行业的投资项目固定成本高，正常运行后的常规经营费用低。城镇水资源与给排水设施的主要收益来源是收费，其产品单一，所以常采用的方法是合理报酬率定价法，也称价格倒推法。合理报酬率是政府允许项目经营者获得的法定收益率，项目经营者的净收益等于法定收益率与其投资该项目运营的总资产的乘积。设投资项目产品或服务的收费价格为 P，项目每年的产出量为 Q，投资者每年的收入为

$$销售（服务）收入（PQ）＝法定利润（R）＋折旧与摊销（D）＋利息（I）$$
$$＋经营成本（C）＋销售税金（PQ_{t_1}）＋所得税（T）$$

$$(14.11)$$

式中，t_1 为销售税率，包括增值税、消费税、营业税、附加费等。

法定利润、折旧和摊销、利润之和就是项目建成后全部初始投资 F（包括固定资产投资和流动资产投资），资本回收费用 A 为

$$A = F \times \frac{i(1+i)^n}{(1+i)^n - 1}$$

$$(14.12)$$

式中，i 为政府规定的法定报酬率；n 为项目运营期。

所得税 T 可以近似为

$$T = (PQ - PQ_{t_1} - C - A) \times t_2$$

$$(14.13)$$

式中，t_2 为所得税税率。

项目的收费价格 P 为

$$P = \frac{(C+A)(1-t_2)}{Q(1-t_1-t_2+t_1 t_2)}$$

$$(14.14)$$

如果考虑生产能力的利用具有时间滞后性,假设销售(服务)量及经营成本均随时间 t 变化,则式(14.14)可精确为

$$P = \frac{\sum [(C+A)(1-t_2)]_t (1+i)^{-t}}{\sum [Q(1-t_1-t_2+t_1 t_2)](1+i)^{-t}} \tag{14.15}$$

3. 能源设施的收费价格

收费是能源供应设施项目的主要收益来源,也是项目后评价的重要内容。城镇市政设施中的能源设施可分为两类:煤气、天然气、石油气相互替代性很强,归为一类,称为燃气;电是另外一类。能源产品的定价可以采用合理报酬率法、边际成本定价法和价格上限规制。价格上限规制是政府制定项目的收费上限,以确保项目的产品或服务的价格只能在此上限的下方变动。价格上限的制定是以基础价格为基础的,政府确定一个允许的收费增加百分率。此百分率等于生产要素的价格上涨率(或通货膨胀率、零售物价的上涨指数)减去项目所属行业要求的生产率提高率。

4. 邮电通信设施的收费价格

影子价格、影子邮电资费是通信设施投资项目进行国民经济评价使用的价格。在影子价格的测算中,普遍使用的是成本分解法。该方法能够真实反映通信设施运营企业的经济现状和期望达到的利润目标,但不能从资源合理分配的宏观角度反映通信设施投资项目对国民经济的贡献。可采用成本分解法和投入产出法测算影子邮电资费。两种方法综合取定,使影子邮电资费的测算值尽可能接近实际。

5. 交通设施的有关参数——市民出行和货物运输时间节约价值

在交通设施投资项目的国民经济效益后评价中,运输时间(市民出行和货物运输时间)节约作为一种重要资源节约的效益,一般占项目总效益的大部分。时间节约像其他资源一样,也会产生价值。市民出行选择的出行时间、出行方式、交通工具、目的地等,都受其个人偏好、支付意愿、收入条件、出行目的等因素影响,除了一些客观的约束条件,个人偏好、支付意愿起了很大的作用。支付意愿是一种主观的价值判断,对每个人都是不同的。

时间的节约价值从国民经济、企业和个人角度出发相应产生了三种价值,即资源价值、财务价值和个人偏好价值,从而产生了不同的估算方法,大概可归纳

为两大类：一类是直接估算方法，有生产法、收入法、费用法、收入费用法和生产费用法等；另一类是间接估算方法，有显示偏好分析法和陈述偏好分析法。

①生产法是指劳动力作为一种生产资源要素参与创造的价值，出行时间的缩短会释放一部分这种资源，将其投入生产过程，将会增加国民生产总值。

②收入法又称为工资法，是指按不同市民收入的一定百分比来计算其出行节约价值。

③费用法是指在出行时间和出行费用可以相互替代的原理上，减少旅行费用意味着旅客可以获得其他的福利。

④收入费用法既考虑了市民的收入和闲暇时间，也考虑了市民出行费用和出行时间。

⑤生产费用法即把生产所考虑的市民节约的工作时间价值与所利用的运输方式差异所付出的额外代价结合起来。

⑥显示偏好分析法主要是通过对出行者出行次数的观察统计或调查数据来推算的时间价值。

⑦陈述偏好分析法是通过对出行行为进行问卷调查或直接询问、交谈来推算出行者的行为价值。

6.环境设施和防灾设施的有关参数——生命价值

环境设施和防灾设施投资项目的效益很大部分体现在死亡率和患病率的降低，社会必须在经济代价和健康生命之间做出权衡，这种权衡涉及生命价值的量化问题，以便增加的健康生命的价值与投入资源的价值相比较，为决策提供依据。处理生命价值这一经济学命题时，应把人看作经济人，是从生命过程中的社会经济关系进行考察，反映人一生的经济活动规模。测算生命价值常用的方法是人类资本法和支付意愿法。人类资本法表示社会中一个人可生产的财富或社会产生一个劳动者的边际代价。支付意愿法表示社会为挽救一个生命所愿意付出的代价，这种意愿可以是已经表现在社会的各种活动中，或只是存在于人们的意识中。

14.8 防灾设施投资项目的国民经济后评价指标

城镇灾害分为自然灾害和人为灾害两大类。自然灾害包括飓风、地震、洪水、干旱、龙卷风等。人为灾害包括重大火灾爆炸案件、厂矿区意外事故、重大交通事故、化学灾害、危险性较大的传染病、建筑工程灾害、能源中断等。灾害发生具有不确定性,且各类灾害损失千差万别,因此,我们很难对城镇防灾减灾系统项目效益进行货币化,只能通过费用-效果法进行衡量。

1. 火灾

(1)单位费用的回应时间缩短。

(2)回应时间不超过 20 min 的次数。

2. 洪水

(1)护岸工程每年平均塌岸宽度乘以计算期的年数。

(2)护岸工程计算期中实际坍塌范围。

(3)防洪标准以洪水重现期或频率表示的防洪工程,其范围按设计洪水所产生的超额洪水量所淹没的范围确定。

(4)防洪标准以某一水位表示的防洪工程,其用设计水位平推至某等高线相交处,形成保护圈,以确定淹没范围。

在城镇市政设施投资项目后评价过程中,并不是只有非经营性项目才有效果指标,采用费用-效果法分析,经营性项目也需要辅以效果指标进行分析。如水资源和给排水设施投资项目评价,必须考虑城市单位人口综合用水量、水质目标、城市供水保证率、污水收集率和处理率等效果指标。

参 考 文 献

[1] 白玲.基于 BP 神经网络的我国建筑施工企业项目法律风险管理[D].兰州:兰州交通大学,2014.

[2] 鲍佩琪.关于高速公路项目国民经济评价及分析[J].城市道桥与防洪,2017,(8):230-232.

[3] 曾涛,吕婧,史佳良,等.基于多层 AHP-FCE 评价模型的土地整治重大工程效益评价研究[J].江西农业大学学报,2017,39(6):1234-1243.

[4] 韦展.城市道路经济费用效益分析中汽车运输成本的计算[J].城市道桥与防洪,2017,(5):300-303,307.

[5] 曾志强.DCSD 项目的经济评价与风险研究[D].成都:电子科技大学,2014.

[6] 陈彤晖.光侨路市政道路项目可行性研究[D].南京:南京理工大学,2010.

[7] 杜俊慧.基于灰色粗糙集的评价指标筛选方法研究[J].中北大学学报(自然科学版),2012,(5):559-562.

[8] 段君邦.广西北部湾大风江桥项目效益评价研究[D].南宁:广西大学,2016.

[9] 冯畅.渝黔高速公路建设项目影响后评价研究[D].重庆:重庆交通大学,2015.

[10] 胡昕.南宁市五象大道-友谊路立交工程项目效益分析与风险管理研究[D].南宁:广西大学,2014.

[11] 黄慧霞.城市公共基础设施投资效益优化模型与评价方法研究[D].天津:天津大学,2016.

[12] 孔超.旬邑至凤翔高速公路项目投资效益分析[D].成都:西南交通大学,2018.

[13] 孔祥浩.张家口"三站四线"配套线路工程经济和社会效益评价研究[D].秦皇岛:燕山大学,2018.

[14] 雷雨,杨华,齐晓亮.道路运输业规模经济效益形成过程中的问题与对策分析[J].北方交通,2013,(7):98-100.

[15] 李喜臣.县域土地整治效益分析[D].呼和浩特:内蒙古师范大学,2016.

[16] 李鑫.云南省高速公路建设项目效益监测评估指标体系研究[D].昆明:

昆明理工大学,2008.

[17] 李野.沧东电厂供热改造工程效益分析与评价[D].北京:华北电力大学, 2013.

[18] 李智雄.云南思小高速公路建设效益评价分析[D].重庆:重庆交通大学, 2015.

[19] 廖小斌.南宁市长堽路三期工程效益评价和风险管理研究[D].南宁:广 西大学,2012.

[20] 林毅,严剑锋.关通路改扩建工程可行性研究[J].山西建筑,2011,(3): 136-138.

[21] 刘鹄翔.地区电能替代效益及综合潜力评价体系分析[D].昆明:昆明理 工大学,2019.

[22] 栾述义.高速铁路建设项目国民经济评价研究——以武广高铁为例[D]. 大连:大连海事大学,2018.

[23] 马超,陈晓.市政工程环保施工管理举措研究[J].环境与发展,2020, (12):217-218.

[24] 马洁.市政工程的经济效益及成本管理路径分析[J].工程技术研究, 2020,(14):194-195.

[25] 马颖莉.大规模定制环境下服装企业分散采购策略及绩效评价研究[D]. 镇江:江苏科技大学,2013.

[26] 倪亚东.红桥区L道路项目投资效益分析[D].天津:河北工业大学,2018.

[27] 戚安邦.项目论证与评估[M].3版.北京:机械工业出版社,2018.

[28] 阮东.市政工程建设项目后评价的研究[D].南宁:广西大学,2016.

[29] 孙强.榆树至松原高速公路工程可行性研究[D].长春:吉林大学,2018.

[30] 汤彩荣.南大干线(市新路至新化快速路)工程可行性研究报告的经济分 析[J].城市道桥与防洪,2019,(2):191-195.

[31] 唐海峰.国华沧东电厂绿色发电技术改造项目综合评价研究[D].天津: 天津大学,2016.

[32] 王超.基于PPP模式的YYS高速公路工程效益风险管理研究[D].兰州: 兰州交通大学,2019.

[33] 王寒钰.我国公共文化场馆社会效益评价研究[D].西安:西安建筑科技 大学,2019.

[34] 王磊.锡林浩特市二环路建设项目技术经济分析研究[D].长春:吉林大

学,2012.

[35] 魏宇飞.论建筑工程土建施工现场管理的优论建筑[J].中小企业管理与科技,2016,(21):11-12.

[36] 温皓淳.基于多层次模糊综合评价法的生态环境影响研究[D].南昌:南昌大学,2019.

[37] 吴高华,李倩.基于超效率 DEA-Tobit 的城市轨道交通设备综合效能评价方法[J].交通运输研究,2020,6(6):83-89,99.

[38] 夏辉.重庆市青龙水利工程效益分析与经济评价[J].水利建设与管理,2015,(4):70-73.

[39] 肖悦,王雄,封威.道路排水设计及经济效益分析[J].山西建筑,2019,(6):89-91.

[40] 徐创创.基于两阶段 DEA 的中国省域公路交通安全评价[D].合肥:合肥工业大学,2020.

[41] 徐娇.基于 BIM 的施工企业 EPC 项目效益评价研究[D].西安:西安科技大学,2017.

[42] 杨宝岐.区域路网建设方案研究的几点思考[J].北京规划建设,2009,(3):60-61.

[43] 杨永刚.鄂尔多斯矿区生态移民效益评估研究——以铜川镇移民农户的可持续发展为视角[D].北京:中国科学院大学,2015.

[44] 姚亮,陈赟,杨志高,等.长沙黄花机场飞行区东扩空管工程效益评价[J].企业技术开发(学术版),2014,(10):21-24.

[45] 张枫玉.贵阳至瓮安高速公路工程建设的环境评价与经济性分析[D].重庆:重庆交通大学,2019.

[46] 张军,韩鑫,马志旺.基于层次分析法的公寓式住宅成本控制[J].沈阳工业大学学报,2017,(6):716-720.

[47] 赵艳利.高速公路建设项目国民经济评价关键问题研究[J].技术与市场,2016,(5):346-347.

[48] 周丹.YX 公司挖掘机生产建设项目效益分析研究[D].大连:大连海事大学,2019.

[49] INIEKUNG E O. Risk identification and assessment of rural road construction projects in Nigeria[D].济南:山东大学,2019.

后　　记

　　城市建设项目后评价是对已完成项目的目的、执行过程、效益、作用和影响所进行的系统、客观的分析，通过检查已完成项目，明确项目预期的目标是否达到，项目是否合理有效，项目的主要效益指标是否实现。项目后评价可帮助我们找出项目成功或失败的原因，总结经验或教训。及时、有效的信息反馈，可为未来的城市建设项目的决策和管理提供参考。而将计算机技术运用到城市建设项目后评价中，可以促进项目后评价工作的科学化、规范化，更可保障项目后评价成果的及时反馈和有效利用。

　　随着我国社会的进步和经济的发展，各地城市建设取得了长足的发展，各类城市建设项目的兴建不仅完善了城市功能，提升了城市形象，更对国家经济建设和社会发展起到了极为重要的推动作用。社会各界对公共投资项目，特别是对政府投资项目越来越重视。但是，我们也必须看到有一部分城市建设项目，在建成投入使用或运营后没有取得预期的效益，甚至有的根本就没有效益，与预期目标相差甚远，几年内也不易产生效益。由于存在以上情况，对城市建设项目进行后评价显得更为重要。项目后评价是项目管理事后控制和检验的一种有效手段，因而研究建立城市建设项目的后评价机制以及后评价方法与体系对健全政府投资具有重大的意义。